喵呜~ 喵呜 我是幸福猫奴

宠物医生教你
猫咪饲养大小事

〔韩〕卢真希、Minky / 著

金美月 / 译

U0213328

中国旅游出版社

喵呜~喵呜 我是幸福猫奴

宠物医生教你猫咪饲养大小事

[韩] 卢真希、Minky / 著

金美月 / 译

我是"金吉拉猫咪"—— Cat Holic，就是金吉拉猫咪控。美丽又神秘的眼睛、粗糙的舌头和湿润的鼻子、像果冻似的脚掌和蛮厉害的"哑——哑！"攻击警告……我就是这样一个一天都不能没有猫咪的陪伴、看到猫咪就感到幸福的"猫咪狂"。第一次见到 Minky 时就沦陷了，跟 Minky 睡觉的第一晚被惊醒，原来还是幼猫的 Minky 在我的胸前睡着了。当时生怕吵醒 Minky 的我连呼吸都不敢太用力，闷闷地又睡着了。如果当时跑上来的是我的宠物狗，我肯定会将它放下来的，倒不是说我不喜欢狗。如果碰见非常可怜的流浪狗，我也会带它回来宠着它，但是始终是局限在我喜欢的类型当中。别人在网络上翻看娱乐八卦时，我经常会不知疲倦地熬夜翻看着猫咪们的照片。因为喜欢猫咪，所以从实习生时我就对猫科的诊疗特别积极，品阅与猫咪相关的书籍和学习与猫咪相关的一切东西都成了我的不二爱好。正是想跟大家分享饲养猫咪的经验，作为宠物医生的我才斗胆写这本书。

我大学时 Minky 曾经病得不轻。当时是 Minky 误食了异物做了挺大的一个手术才好转。当时执刀的宠物医生曾经劝我把 Minky 关在笼子里养着。当然，以宠物医生的身份，给会翻垃圾桶找东西吃的猫咪饲主这样的建议一点也不为过，但是当时我却想着"世上哪有把自己心爱的猫咪关在笼子里养的人，哼，虽然你是不错的宠物医生，未必懂得宠物领养者的心情噢"。当然那时给我的 Minky 执刀的宠物医生是我非常尊敬的前辈，所以我什么话都没敢说，嘻嘻。也是因为这一经历，我写这本书的时候是站在既理解宠物医生的立场，又明白宠物领养者想法的中立者的角度。可能只有现阶段的我才能理解冷静的宠物医生的劝导和溺爱自己宠物的宠物迷们的心态。我的阅历也会渐渐累积，以后会成为更专业的宠物医生，可能那时候就体会不到我现在的也是很多宠物迷们的心情了吧。

出这本书的目的是想提供给大家一本领养猫咪的手册或者猫咪百科全书类的资料。例如旅行手册，对于喜欢旅行的人来说，跟着自己的脚步，漫无目的地旅行诚然是一种真正有趣的旅行，但是在你迷路的时候，在你找不到住处的时候，在你紧急求援的时候，有一本旅行手册真的会帮上大忙。

就像旅行高手看到旅行手册不屑一顾，对饲养多年猫咪的人来说也是如此。记得我第一次领养猫咪是 7 年前，那时我住的地方还没有太多人领养猫咪，那时周边真的是很难找到有经验的人教你一招两式。所以会经常心急如焚地照着网络上的流言和信息来，走了不少弯路。现在我再想之前的经历，就很希望第一次领养猫咪的宠物迷们至少能有一本猫咪手册来帮助他们，这其实也是我们迎接生活中新成员的一种心意吧。

转眼间我跟 Minky 已经一起生活 7 个年头了。女人三十要抗老，Minky 也一样，已经 7 岁多的 Minky 现在不再整天咬着电线玩，我不用担心它会到处翻东西，也不会半夜被它的吵闹惊醒了。回想当初领养还是幼猫的 Minky 的情景，总是有想当然的一些东西，我在这本书里也分享了作为老资格的猫咪狂的一些经验和体会，希望对同样是老资格的猫咪狂们有参考价值。

目录

Part 1

领养猫咪

Part 2
养育幼猫

Part 3
跟猫咪一起生活

目录

Part 4
猫咪的疾病

Part 5

猫的历史，猫的文化

从认识猫咪到
与猫咪离别为
止，你想知道
的所有内容。

都市人为什么会选择猫咪

都市人，沉浸在对猫咪的宠爱中

现在是猫咪当宠的时代。如果说在阴暗的街道乱翻垃圾桶，与行人四目相对时，睁大灯泡似的大眼睛拔腿就跑是以前猫咪给我们的印象，现在猫咪则摇身一变成了各种流行的卡通角色，高附加值的宠物，俨然成了高贵、优雅的代名词。以前只要说到宠物，我们一般都会想起狗狗，忠诚而又憨直的狗狗一直是人们最好的朋友。不过随着社会大家族的解体，对单身贵族和很多双薪家庭的都市人来讲，既有野性又有独立性的猫咪着实让他们为之着迷。

都市里的猫咪独自享受着快乐

将猫咪像狗狗一样作为宠物伴侣，早已盛行于日本、欧洲等宠物伴侣文化兴盛的国家，现在将猫咪当成伴侣的国人也是不计其数。所以宠物医生们以前还以狗狗的治疗准则诊疗猫咪，现在却增加了专门的猫咪诊疗课程。对于宠物医生来讲，猫咪诊疗课程是一门独立的学问，对于猫咪狂们来讲，猫咪是世界上最灵敏、最美丽也是最优秀的宠物。其实对于单身贵族和双薪家庭来讲，猫咪相比狗狗要更加适合领养。因为猫咪的独立性很强，即使整天被关在家里，也不会轻易患上心理障碍，但是狗狗如果整天被关在家里会出现各种各样的问题，例如无目的地乱叫，不再保持训练后的良好的排便习惯等行动上的障碍。如果你是女性宠物领养者，狗狗对于你的依赖会更加强烈，以至于出现更严重的行动心理障碍。

浪漫的猫咪，感情很丰富

猫咪可以一整天待在家里，或趴在窗台上独自享受日光浴或整理自己的毛发，享受独自的时光。如果主人到来，它会悄无声息地出来看一眼，然后又会继续做自己的事情。这倒不是因为猫咪不喜欢跟主人交流。猫咪恰恰是宠物当中最会表达自己情感的动物。心情不好的时候，它会"呸——呸——"地竖起全身的毛发，有时甚至会发出准备攻击的声音，让你感到惧怕。这正是猫咪像小老虎似的野性的体现。而心情好的时候，它会半闭着眼睛"咕噜——咕噜——"地叫。从身体内发出的这种声音其实是跟主人交流感情的很重要的一个手段。有时它会爬到主人身上按一按主人的肚子或者手臂，有时它会深夜在房间里乱跑一通，这些其实都在表明它的状态还不错。猫咪把一天的很多时间都花在整理自己的毛发上，这也是猫咪的身上没有异味的原因，当然也是经常弄出个毛发球的原因。猫咪不会在身体状况不好的时候整理毛发，所以一般宠物医生会根据猫咪开始整理自己的毛发来认定猫咪的身体状况在逐渐地好转。这些丰富的情感表达可能就是猫咪被人们喜爱的原因吧。

猫咪是绅士，喜欢装扮自己

除了独立的性格和丰富的情感表达之外，作为宠物的另外一个优点就是猫咪良好的排便习惯了。猫咪天生就有很不错的排便习惯，即使是没有受过训练的猫咪也只会在沙子上大小便，且事后会用沙子盖住以减少气味。以狗的情况来说，只要1周没有给它洗澡，那种恶臭就会令人无法忍受，相比之下猫咪因为整天装扮自己，所以很少有散发异味的时候。

选择我的猫咪

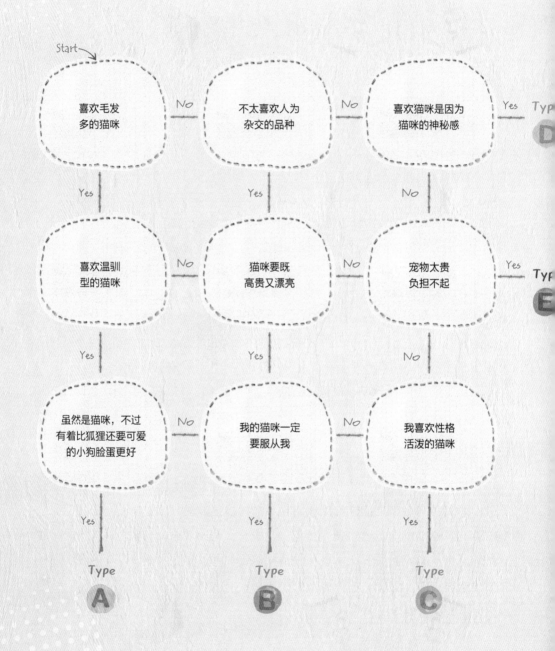

Start

| 喜欢毛发多的猫咪 | —No→ | 不太喜欢人为杂交的品种 | —No→ | 喜欢猫咪是因为猫咪的神秘感 | —Yes→ | Type D |

Yes ↓   Yes ↓   No ↓

| 喜欢温驯型的猫咪 | —No→ | 猫咪要既高贵又漂亮 | —No→ | 宠物太贵负担不起 | —Yes→ | Type E |

Yes ↓   Yes ↓   No ↓

| 虽然是猫咪，不过有着比狐狸还要可爱的小狗脸蛋更好 | —No→ | 我的猫咪一定要服从我 | —No→ | 我喜欢性格活泼的猫咪 |

Yes ↓   Yes ↓   Yes ↓

Type A   Type B   Type C

Type A 贵妇型——波斯猫

喜欢毛发多、温驯猫咪的你会喜欢上波斯猫。因为毛发细长又多，你不得不经常给它不厌其烦地梳理毛发，但是看到它大大的眼睛和可爱的脸庞，这些都无所谓了。带着你的爱猫出去散步，总能吸引人们的目光，因为它们是相貌出众的猫咪。

Type B 冷漠的都市猫咪——土耳其安哥拉猫

如果你喜欢猫咪的高贵和野性的话，最适合领养土耳其安哥拉猫。强烈的个性魅力和优雅的姿态是安哥拉猫咪的特点，这是与自诩猫主的你最搭配的组合。

Type C 捣蛋鬼——暹罗猫

如果你更喜欢猫咪的忠实与活泼，那灵敏和忠实的暹罗猫是不错的选择。暹罗猫足以让你的生活充满活力。如果你是一个害怕孤独的人，那暹罗猫再合适不过了。

Type D 可爱型——俄罗斯蓝猫

喜欢安静又可爱的猫咪的你适合领养可爱的俄罗斯蓝猫。当你需要倾诉的时候，俄罗斯蓝猫会静静地在你旁边任你倾诉，而且会用舔你的方式安慰你。对于希望能与猫咪有情感交流的你来说，可爱的俄罗斯蓝猫会成为你的心灵伙伴噢。

Type E 猫咪中的美丽达人——韩国短毛猫

如果你想了解猫咪的真面目，韩国短毛猫绝对是不二选择。如果你不太喜欢纯种猫的怯懦和邋遢，那韩国短毛猫会告诉你这才是你喜欢的猫咪。既会向主人撒娇又对主人有深厚的感情，真的很能迎合你的性格噢。

领养猫咪之前必须要想清楚的几件事情

面对猫咪的死亡

宠物也会随着时间的流逝渐渐老去，渐渐面对死亡。如果宠物得了大病，会跟人得病一样是非常痛苦的事情。宠物如果得病了，有些主人可能会因为过高的医疗支出放弃，或者投入无止境的治疗。不管怎么做，都会让你很难受。如果你仅是看到宠物商店橱窗里的猫咪睡得香甜或者叼着钓竿玩的可爱模样而领养它们，那你很难跟它们走到最后。请一定要记住，猫咪的幼年时间其实非常短暂，猫咪会比我们先老去，如果猫咪生病了，不管是经济上还是精神上你都需要有能力来承担。

得到家人的同意

因为目前国内把猫咪当成家庭成员的文化尚未普及，所以领养之前得到家人的同意并不是件容易的事。未得到家人的同意就把猫咪带回家，可能会破坏家庭的和睦，也会让天生就敏感的猫咪变成焦躁的动物。而且因为需要使用猫砂，猫毛还会满天飞，表明猫咪绝对不是人人都能随意领养的宠物。况且这世界上还有很多人对猫咪有种抗拒感和恐惧感呢。

想好自己未来的打算

猫咪的领养者的年龄层偏低。有些人可能原来是一个人生活，后来搬到父母那里住了，也有可能会去留学、参军，或者结婚生子……此时如何安置你的猫咪会成为问题。即便是在你眼里非常可爱非常乖顺的猫咪，不一定在别人眼里也是。自己都无法负起责任来，更何况是别人呢。所以在你领养猫咪之前一定要先想好：如果未来出现不得不转寄养的情况时，要转寄到哪里。猫咪是非常敏感的动物，反复的认养和转养会让猫咪的身心受到伤害，最终会变成任何人都无法控制的凶猛怪猫。

考虑自身的健康

如果你有哮喘、鼻炎、过敏等症状，即便你非常喜欢猫咪，最好也不要领养猫咪。即使你原来没有什么过敏症状，有些人在领养了猫咪之后也会渐渐出现鼻炎等症状。有些宠物医生就是成为宠物医生之后才患鼻炎的。

猫咪的毛发与卫生

猫咪的毛发要比你想象的还要多。猫咪是毛发长又多且脱落得厉害的动物。特别是饲养长毛猫的话，想要穿黑色衣服可以说是天方夜谭，假如一定要穿的话，就得想办法去除衣服上黏附的无数猫毛。猫咪的毛发不是唯一让你头疼的事情。刚才还在鞋柜里面打滚的猫咪现在又爬到你床上会让你头疼不已。如果是狗狗可以给它弄个栏杆不让它触碰鞋柜，也不让它到床上来。但是对于天生具有灵巧攀爬能力的猫咪来说，除非是用密密的铁丝网把家具包装得严严实实，否则真的很难阻止它们。除了这些,如果你给猫咪准备了猫砂，猫咪也会把砂子带得到处都是。

经济支出

第一次领养猫咪的时候，根据种类不同其领养的费用也会不一样，一般来说会有 30~40 万韩元（约合人民币 1600~2000 元）的开销，如果你是从宠物商店领养的，那可能会花费 60~90 万韩元（约合人民币 3000~5000 元）的样子。当然这只是领养的费用，购买猫咪用的猫砂、饲料等辅助品也会有花销。除了这些，给猫咪接种疫苗，例如综合疫苗、狂犬病疫苗、心脏丝状虫疫苗和外部寄生虫疫苗等也会花去你 16 万韩元左右（约合人民币 1000 元）。像绝育手术费用，除了血液检查费用之外，公猫需要 7~20 万韩元（约合人民币 500~1000 元），母猫需要 15~35 万韩元(约合人民币 800~2000 元)。当然猫咪在被领养的过程中，肯定要经过至少 2~3 次的诊疗，这些也是需要费用的。

猫咪王国的词典

☺ 街猫	以前我们叫小偷猫的土种猫。
☺ 韩国短毛猫	韩国土种猫, 英文叫 Korean shorthair。
☺ 梳理毛发	猫咪的装扮行为。猫咪喜欢把一整天的时间花在从头到脚梳理毛发上噢!
☺ 按一按	猫咪有吃奶时按一按的习惯, 经常会在软软的被子或者主人的肚子上按一按。
☺ 咝——咝——	猫咪发怒或者表示讨厌时的警告声。
☺ 咕噜—— 咕噜——	猫咪心情好或者心情开始好转的时候胸腔内部发出的声音, 用人类的语言表大概就是"我好幸福噢!"
☺ 毛发球	因为整天梳理毛发的关系, 掉落的毛发卷成毛发球。
☺ 猫奴	对猫咪宠爱有加的猫咪领养人。
☺ 沙漠化	因为给猫咪用猫砂, 所以房间到处都会"沙漠化"。
☺ 绝育手术	为防止猫咪发情、离家出走和意外的怀孕给猫咪做的绝育手术。
☺ 狗狗猫	指的是不像猫咪一样高傲, 反倒像小狗一样喜欢跟在人类身边的猫。
☺ 小沙球	猫咪的排泄物被沙子包裹的样子。
☺ 双色眼猫	两只眼睛的颜色不一样的猫咪。
☺ 抓挠	猫咪为了磨趾甲在木头或者墙壁上抓挠的行为。
☺ 喷淋	猫咪用尿液划定领域的行为。
☺ 猫薄荷	猫咪们喜欢的猫咪幻觉剂, 就是猫薄荷草。
☺ 面包姿势	将前腿收缩到身体内, 将身体蜷曲地坐着的姿势。
☺ 猫叫春	母猫在发情时发出的求偶叫声。
☺ 钓鱼线 逗猫棒	猫咪的代表性玩具, 晃动它会刺激猫咪的玩耍本能。
☺ 激光点	也是猫咪喜欢的玩具, 关上灯晃动激光点会让猫咪追逐个不停。
☺ 繁育者	为保持猫咪的纯正血统, 专门引导猫咪进行正常交配和繁殖的专业人员。
☺ 猫舍	专门为猫进行交配与繁殖的场所。

猫咪王国的行为百科

☙ 往墙上或家具上撒尿的行为

是猫咪划定自己领地的行为。

☙ 凝视对方的行为

是攻击前的行为表现。

☙ 缓缓地眨眼睛也叫作猫咪的吻

是猫咪表示好感的行为或者不再进攻的
表现方式。

☙ 猫咪间互相闻肛门或者体味的行为

通过闻味道的方式交互认识的行为。

☙ 猫咪的瞳孔变大

猫咪正处在恐惧中。

☙ 猫咪的尾巴低下左右摇晃

猫咪在想很多事情或者正在苦恼中。

☙ 耷拉着眼睛慢慢闭上眼

猫咪消除警戒，表示很幸福。

☙ 弓着腰竖起全身毛发

是警告敌人的姿势。

Part 1 领养猫咪

怎样领养猫咪

🐾 猫咪的几种认养方式

随着喜欢猫咪的人越来越多，猫咪的认养方式也多了不少。我们先看看不同的认养方式有哪些优缺点，找出适合自己的认养方法。

到宠物店或宠物医院认养

优点　最简便最可能认领理想猫咪的方式。你可以直接看到猫咪，也能先了解猫咪的性格和健康状态再直接带回家。而且事后如果发现猫咪不对劲，也可以找到卖主解决。

缺点　价格相比网络购买要贵。

个人家庭认养

优点　猫咪因为生长在较干净的环境中，一般都比较健康且认养需要的费用也不会很高。

缺点　如果认养过来的猫咪带有泛白血球减少症等无法查明感染源的传染病时，较难追责且没有有效的法律证据。

网络认养

优点　网络上会有很多既漂亮又价格不贵的猫咪，无论是品种还是价格上都有较大的选择余地。

缺点　可能会出现实际认养过来的猫咪与网络上上传照片中的猫咪不一致等情况。

Minky's　我是怎么领养 Minky 的?

已经和我生活了 7 年的 Minky 是一只波斯猫。因为领养 Minky 时我还是个学生，所以宠物店波斯猫的高价认养费对我来说太高了，但我那时又偏偏喜欢波斯猫。为了能领养到自己的波斯猫，我夜以继日地盯着网络上相关的信息，终于有一天，我发现了 3 只波斯猫兄妹，我立即就给猫的主人打了电话，但是那时我手头的钱离猫主人的认养价格还差 5 万韩元（相当于 300 元人民币左右）。所幸当时猫的主人看到我是兽医科的大学生，又被我可以坐火车去大田接猫咪的行为所感动，欣然同意为我减了 5 万韩元。我还清晰地记得那天带着 Minky 回家的感觉。以我的经历可以看出个人家庭认养是有很多跟猫主人交流的余地的。

从遗弃宠物保护站认养

优点　　如果你对通过卖宠物获利的行为反感，可以尝试从遗弃宠物保护站认养宠物。虽然也需要 3 万 ~5 万韩元（180~300 元人民币）的费用，但是这些费用都会投入到遗弃宠物保护站的日常工作中去，就是用你的钱支持遗弃宠物保护的事业，你也会得到做好事的满足感。

缺点　　被遗弃的猫咪因为心灵上受到过打击，所以你需要以额外的努力来抚平它之前的心理创伤。

从外面捡回猫咪来养

优点　　猫咪出生到 7 周内，如果能得到人们的关怀与认养，猫咪会跟人比较亲近。你也会有一种献出爱心的成就感。

缺点　　因为猫咪之前已经在外面生活了一段时间，所以驯化起来可能有些费劲，且猫咪可能会经常跑出去。因为是野猫可能还会得不到家庭成员的好感噢。

从猫舍领养猫咪

优点　　你可以领养到孟加拉猫、短腿猫、挪威森林猫、美洲卷耳猫、布偶猫等纯种猫，并为此感到骄傲。

缺点　　价格相当贵，且认养时对方为了防止血统的杂交，会要求你给猫咪做绝育手术。

认养纯种猫咪时

　　如果你想认养纯种猫咪，最安全的做法是从在国际公认的血统登记机构（美国的 TICA、ACFA、CFA, 欧洲的 FIFE）有注册的猫舍领养。正式领养前一定要得到血统登记机构的血统证书，认养猫咪父母的照片，还要确认猫舍的环境。有很多未得到认证的机构发放血统证明，一定要认真加以鉴别。

值得信赖的猫咪领养网址

http://blog.naver.com/catbreeder/ 东方长毛猫，巴厘猫猫舍
http://www.catspianet.co.kr/ 短腿猫猫舍，发放 TICA、CFA 血统证明书
http://www.catflower.com/ 波斯猫，美洲卷耳猫猫舍，发放 CFA 血统证明书
http://www.sinderelra.com/ 发放 CFA、TICA 血统证明书
http://www.pinekeeper.com/ 发放 TICA 血统证明书

选择猫咪

🐾 代表性的品种

预先了解一下各个品种猫咪的不同特点有助于你选择更适合自己的猫咪。

波斯猫

特点 应当说是世界上人气最高的猫咪，因其可爱的脸蛋和安静的性格被称为猫咪贵妇人。因为人气高，所以也有不同的交配品种。根据眼睛和毛发的颜色，鼻子的下塌程度有波斯、金吉拉、异国短毛猫等。这些品种都是人为繁殖的品种。

外貌和毛发 脸蛋扁平，眼睛大大的，毛发柔软而长。从头到脚都被长长的毛发覆盖着，毛发的颜色有白色、金色、斑色等多种。

性格 除了发情阶段很少能听见猫咪叫，非常安静，俗称"呼吸的娃娃"。

暹罗猫

特点 作为古代泰国（古称暹罗）的王公贵族们养来守护王宫的猫咪，很高贵又很帅。在短毛猫当中算是世界上最有人气的猫咪之一，属于自然品种。

外貌和毛发 作为短毛猫，毛发有韧性，表层呈现褐色，里侧的毛发为白色。嘴角、腿脚还有耳朵、尾巴部分的颜色为深褐色。也有深咖啡或是奶油色的暹罗猫，但是即使是小的时候为偏浅毛色，长大了颜色都会变深。

性格 伶俐、可做训练，跟人比较亲近，但是有点儿太黏人。在韩国被称为狗狗猫，属于非常依赖人的猫咪。

俄罗斯蓝猫

特点　　　产于俄罗斯，第二次世界大战后为了挽救几乎消失的猫咪血统跟英国猫交配过。俄罗斯蓝猫能轻易读懂人的感情状态。属于自然和人工交配相结合的品种。

外貌和毛发　拥有青灰色的神秘毛发和翡翠般的眼睛，动作敏捷，很有肌肉感。相比其他品种，体态属于稍小的一类。俄罗斯蓝猫以眼睛颜色的变化而出名，刚出生 2 个月左右时青灰色的眼睛会变成黄眼睛，到 6 个月左右时眼睛的颜色又会变为青绿色。

性格　　　属于性格温驯，爱撒娇的类型，但是对生人有警惕性。有出众的把握气氛的能力，当主人忧郁时会靠过来用身体磨蹭主人给其安慰。

土耳其安哥拉猫

特点　　　产于土耳其安哥拉地区的自然品种。作为高山地区的品种，有能抵御寒冷的又长又粗的毛发，不过整理毛发对它们来说可是轻而易举的事。

外貌和毛发　虽然通过交配有不同的颜色，但是白色的土耳其安哥拉猫最受欢迎。有长毛种和短毛种，毛发属于粗毛，不易卷成毛球。

性格　　　伶俐又忠诚，但是倔强。跟自己的主人很亲，但是跟其他人不轻易接近。

米克斯（Mix）

特点　　　虽然不是登记到猫咪协会的纯种猫，却分布在包括韩国在内的全世界的各个角落，据推测原产地为非洲。外貌和性格有多种类型。

外貌和毛发　我们在外面经常见到的野猫差不多都属于米克斯，斑点猫、黑猫、虎纹猫、花猫等其种类不计其数。 属于自然品种，作为短毛类猫，为了抵御严寒长有里毛。

性格　　　性格也多种多样。一般来说出生后 7 周内被人领养的话会与主人很亲近，除非是受到很大的伤害，一般都比较温驯、亲近和灵敏。

🐾 在猫咪粉丝中有人气的品种

苏格兰折耳猫

特点　脸蛋和眼睛都很圆，耳朵往前面折下来，经常是一副惊讶
或委屈的表情。因为其可爱的外表在世界各地有众多粉丝。
因为属于突变的品种，所以有畸形关节等遗传性疾患。折
耳猫之间交配的后代有可能会出现骨质异常，导致短腿无
法行走，所以一般不让折耳猫之间进行交配。

外貌和毛发　脸蛋和眼睛圆圆的，耳朵往前折下来，不过有时也会有耳
朵未折起来的折耳猫。出生后 3~4 周耳朵会开始折下来，
一般 3 个月时的耳朵形态会保持一生。苏格兰折耳猫有短
毛种和长毛种，毛色有褐色和灰色等多种。

性格　安静、温驯且跟人很亲近。

阿比西尼亚猫

特点　金字塔出土的猫的遗骸与阿比西尼亚猫很像，而且古代埃
及的壁画中也有很多类似阿比西尼亚猫的图案。甚至有人
认为埃及壁画里的人物眼部的深色化妆就是模仿阿比西尼
亚猫的。可见阿比西尼亚猫在古埃及非常流行。

外貌和毛发　毛发较粗有韧性，体态苗条。有长毛种和短毛种，长毛种
一般叫索马里猫。

性格　与高贵的外貌相比，性格却属于好动的调皮捣蛋的类型。

孟加拉猫

特点　在日本很有人气，外貌酷似缩小版的非洲猎豹。其因为孟
加拉猫的野性、肌肉感和猎豹般的外貌更受男性爱猫族的
喜爱。虽然在韩国并未普及，但是绝对有稳定的粉丝群。

外貌和毛发　酷似豹斑纹的毛发，身体矫健很有肌肉感，体型相比其他
品种要稍大一点。

性格　属于较易驯化的品种。可以像狗狗似的让它叼来玩具，或
者呼应着主人的喊话用猫语回应主人。喜欢水，如果没被
训练，与它一起散步的时候要给它系好猫绳。

挪威森林猫

特点　属于挪威的自然品种，全身被又粗又长的毛发覆盖着以抵御北欧严寒的天气。

外貌和毛发　与其他品种相比个头要大，有肌肉感。耳朵上长有修饰毛，属于中长毛品种。毛发是显高贵和优雅的条状纹，柔顺茂密的里毛和油亮的外毛起着保温和防水的功能。挪威森林猫的毛发不太会结成球状。

性格　因为富有野性，喜欢爬树、玩球等较为激烈的运动。喜欢跟人类接触，比较友善，但也不是爱撒娇的性格。

加拿大无毛猫

特点　人类历史上最初的无毛猫。它是 1966 年在加拿大出生的基因突变的猫咪的后代。除此之外还有一种称为"Rex"的品种，虽然也是无毛猫，不过一般大众对它还是相当陌生。现在领养加拿大无毛猫要比以前便宜很多，对于厌烦收拾猫咪毛发的爱猫人来说，加拿大无毛猫绝对能解决你的烦恼。但是也因为没有毛发，所以加拿大无毛猫不能应对严寒，要格外注意加拿大无毛猫的保暖问题。

外貌和毛发　长得像外星人一样难看。因为没有毛发很容易让人联想起拔了毛的生鸡，毛皮上的皱纹显而易见，毛皮较厚而且柔软。

性格　相比难看的外貌，性格却非常温驯、乖巧和爱撒娇。属于温驯的品种。

美洲短毛猫

特点　17 世纪为了捕鼠从欧洲传到了美国。属于自然品种，是天生的捕鼠专家，拥有粗壮的骨头和矫健的肌肉。

外貌和毛发　虽是纯种猫但跟一般的家猫没有什么区别，毛发的颜色、纹路也多种多样。相比家猫的三角形般的尖脸，美洲短毛猫的脸蛋和体型更圆一点，拥有更可爱的脸蛋。

性格　很活泼也很亲近人。虽然喜欢亲近人，但是自尊心也比较强，会跟人类保持一定的距离。

喜马拉雅猫

特点　　喜马拉雅是波斯猫和暹罗猫的人工交配品种。

外貌和毛发　脸蛋像波斯猫，毛发像暹罗猫，属于长毛品种。可以看作是有特点的波斯猫，一些学会也把它归类为波斯猫的一个派系。

性格　　因为是安静而又温驯的波斯猫和喜欢亲近人类的暹罗猫的后代，所以性格方面相比其他品种绝对无可挑剔地好。拥有即使是在手术后还在疼痛的情况下，还能与宠物医生互动的乐天性格。也因为有暹罗猫的基因，所以要比波斯猫更活泼一点。

其他珍贵品种

索马里猫　属于阿比西尼亚猫的基因突变品种，拥有阿比西尼亚猫的外貌和长毛发。性格温驯，但是怕生。

土耳其梵猫　是发现于土耳其东南部的梵湖周边的品种。拥有矫健的长体型，属于中大型猫种。与其他猫相比喜欢水，活泼和独立性强。

布偶猫　由美国的育种家安贝可从一种名为乔瑟芬的长毛白猫的幼猫中挑选最温驯的幼猫与缅甸猫外形的一只猫交配的品种。只要抱起布偶猫，它就会放松全身把身体交给主人。

东奇尼猫　是加拿大的育种家将暹罗猫和缅甸猫进行交配得到的品种。拥有结实的肌肉感，属于中型品种，活泼伶俐亲近人类。

巴厘猫　是基因突变的长毛暹罗猫，起初被人们认为是"失败作"被嘲笑过，但是通过育种家们30多年的努力，开始被人们所接受。性格活泼，重感情。

英国短毛猫　属于大型品种，骨骼粗壮，有结实的肌肉。两腮鼓起，短鼻紧接在嘴上方，感觉脾气不好，但其实行事小心，忍耐力强。是《爱丽丝梦游仙境》里柴郡猫的原型。

🐾 除了以上这些还需要考虑以下几种问题

首先要分清楚你要领养的猫咪是公猫还是母猫

公猫相比母猫领养价格会低，做绝育手术也比较简单。做完手术后恢复起来也比较快，费用负担也会相对较低。如果没有做绝育手术，猫咪会保留喷尿、攻击、出走等野性，较难进行驯化。而且公猫有更强的领域意识，体态比母猫大一些且体力也好。母猫相比公猫较温驯，绝育手术的难度要大一些且费用较高。

养幼猫好，还是成猫好呢

如果你没有太多时间和经济能力来养护需要更多照顾的幼猫，领养成年猫咪也不失为一个好的选择。成年猫咪一般可以通过网上的猫咪领养论坛进行认养，大部分出让成年猫咪的猫主一般都是因为不得已才出让，所以你没准可以较低的领养费用得到你喜欢的猫咪。可能你会对认养成年猫有一些顾虑，其实猫咪天生就有记住自己主人的本领。只要经过 1~2 天的适应期，猫咪也会意识到你是它的主人，并会开始亲近你。但是如果猫咪反复地被出让和认养，可能会因心灵上受到伤害变成性格古怪的猫咪，所以当你决定领养一只猫咪时，你一定要抱着有始有终的对猫咪负责的态度来认养猫咪。

是纯种，还是杂交品种好呢

如果你想领养纯种的猫咪，需要通过专业的养育机构进行认养，如果你想领养的猫咪还不是常见的品种，需要付出点时间和耐心等待专业机构引进你需要的品种或者等待猫咪的出生。大部分的专业机构在同意纯种猫咪领养之前，都会以做绝育手术为前提（以保证猫咪的纯正血统），这点需要领养者注意。

如果是纯种猫还有可能会携带一些特殊的疾病，所以要先把猫咪送到宠物医院进行身体检查。缅因库恩猫和波斯猫需要确认髋关节是否发育不全，英国短毛猫、苏格兰折耳猫和波斯猫需要通过超声波确认心脏有无问题，阿比西尼亚猫和索马里猫需要检查眼部，看看有没有视网膜相关的疾病。如果不在乎猫咪的血统纯正与否，只在意猫咪与人的交流，通过动物保护组织来领养遗弃猫也是一个不错的办法。

猫咪推荐

- 如果你有孩子，推荐你养一只与人亲近、活泼的暹罗猫。

- 如果你一天大部分时间不在家，不推荐你养每天都需要帮猫咪梳理毛发的波斯猫和喜马拉雅猫。

- 如果你喜欢撒娇的猫咪，推荐你领养暹罗猫、俄罗斯蓝猫、阿比西尼亚猫。但是如果你喜欢优雅的猫咪，波斯猫和土耳其安哥拉猫比较适合你。

- 如果你有哮喘、鼻炎等，无法忍受多毛发的猫咪，推荐你领养加拿大无毛猫。虽然长相丑了点，但性格绝对好。因为属于不常见的品种，所以领养费用高昂。

- 如果你很在意跟猫咪的情感交流，那俄罗斯蓝猫正好适合你。俄罗斯蓝猫天生能读懂主人情绪的能力会让它成为你需要安慰时最好的朋友。

+03 选择健康的猫咪

🐾 挑选猫咪之前你要做的事情

大部分人去领养猫咪时很容易被猫咪可爱又乖巧的外貌迷惑，不管三七二十一就把猫咪带回了家。其实领养猫咪前，我们首先需要做的是了解猫咪之前的成长环境，检查猫咪的健康状况。当然不同的领养方式有不同的了解方式，但是最好还是亲自确认猫咪之前实际的生活环境为好。还有像猫咪之前喜欢吃的猫食、习惯用的猫砂等符合猫咪习惯的一些东西也最好给猫咪准备一下。因为有些敏感的猫咪会在环境变化后出现不吃东西、不排尿的现象。所以一般刚领养猫咪时，都是先给猫咪提供之前已习惯的猫食和猫砂，然后逐渐更替成更好的东西。

🐾 确认猫咪的健康项目

出生 8 周以上的猫咪

出生还没有到 8 周的猫咪最好让其继续在猫咪妈妈的怀抱里摄取母乳的营养，如果匆匆带回家喂养，幼猫可能因为营养不良出现健康状况。所以我们建议领养出生 8 周以上且体重在 500 克以上的猫咪，这样的猫咪成长得会更健康。

在宠物医院进行健康检查

最好将猫咪先送到宠物医院进行健康检查。宠物医院会通过显微镜观察粪便的方式检查猫咪的健康状况。当然也有通过目视观察和气味判断的方式，但是有些情况也会导致误判，所以最好是给猫咪进行正规的健康检查。

猫咪的行动力

要跟猫的前主人了解，猫咪的性格怎样、吃东西是否正常、有无拉肚子等问题。猫咪性格是活泼还是孤僻可以在现场得到确认。如果幼猫老是窝在角落里可能是因为它的性格问题，也可能是因为健康问题，总之不管什么原因造成的，对领养人来讲都会是一个需要三思的问题。

猫咪的眼睛

要选择眼睛清亮的猫咪。如果在多只猫咪一起生长的环境里染上了感冒或者其他疾病，那猫咪的眼睛里一般都会出现较多的眼屎。

鼻子

健康猫咪的鼻子一定是湿湿的。如果流鼻涕，可能猫咪有呼吸道感染的疾患。

腹部

如果猫咪的腹部像蝌蚪的肚子般鼓鼓的，说明猫咪的食欲非常不错。小孩子的肚子就跟蝌蚪的肚子一样鼓鼓的，幼猫也是一样，会把自己的肚子吃到鼓鼓的为止。如果是没有食欲的腹部扁扁的猫咪，可能长大了也会是体弱多病的猫咪。

毛发

要确认猫咪的毛发是否够油亮。如果猫咪是吃着好的饲料长大的健康猫咪，其毛发应该是油亮的。要检查猫咪有没有皮肤疾患，毛发上有没有虱子、寄生虫等。还要检查耳朵是否干净，如果耳内有较多黑色分泌物可以认为是螨虫。

肛门周围

检查猫咪肛门周围是否干净。如果猫咪正处在腹泻时，肛门周围会不干净，或者红肿或者发炎。腹泻关系到幼猫的生死，所以即使在领养之后，一周时间内也要仔细观察猫咪的排便状况。

为猫咪准备物品

🐾 区分必需品和辅助品

猫咪与狗狗不一样，一定要准备猫砂、猫砂盆。最必需的要数猫粮、猫砂、猫砂盆、宠物移动包和猫粮碗。之后根据需要可以添置砂铲、指甲刀、牙刷和牙膏、玩具、睡垫、猫巾、外出笼、猫跳台、梳子、沐浴液等。

🐾 猫砂

猫砂的种类

如果你是新手，需要先学习一点猫砂的知识。因为猫砂分为凝固型、吸水型、分解型等多种类型，所以要给猫咪选择适合的猫砂才可以。

类型	凝固型	吸水型	分解型
成分	水泥	硅胶、木料	豆、米、玉米、木料等
特点	跟尿液混合会凝固成块	颗粒大	自然环保
价格	贵	低廉	昂贵
味道	除臭力强	除臭力一般	除臭力一般
房间沙漠化的程度	会导致沙漠化	没有沙漠化	因为没有使用沙子，不存在沙漠化的问题
处理时的便捷性	因为凝固成块，处理起来方便	没必要每次都收拾，所以便捷	可以倒入便器中，所以便捷
其他	倒入便器里会堵塞	如果是木材料需要过滤网	对人体无害
推荐	推荐给对味道敏感的人或者在都市狭小的空间内养猫的人	推荐给对沙漠化敏感或者没有太多时间打扫沙漠化房子的人	推荐给对呼吸道敏感的人或者有孩子的家庭

防止沙漠化的技巧

❶ 将洗手间脚垫铺在猫砂盆的前面
❷ 在猫砂盆前面设置围栏，为猫咪出来时抖下猫砂争取时间
❸ 将猫砂盆放置在箱子内，让猫咪爬出箱子时自然将猫砂抖下来
❹ 使用人工草垫的脚垫
❺ 训练猫咪直接排便到便器里

沙漠化

随着猫咪的走动，房间里到处都是从猫砂盆带出来的猫砂。

🐾 猫粮

猫粮的重要性

　　猫咪喜欢吃什么样的猫粮呢？随着人们追求健康饮食，也更加注重食品安全问题，如今宠物饲料的安全也越来越成为宠物主们关心的问题。尤其猫咪是对猫粮依存度很高的宠物，所以对猫粮要格外关注。

什么样的猫粮是好猫粮？

　　目前还没有对猫粮进行鉴定的有公信力的机构或基准。值得参考的机构是美国的 **AAFCO**（the Association of American Feed Control Officials），**AAFCO** 不是政府下属的机构，只是给宠物饲料的制造、销售、标识等环节制定标准的协会。有时候也因为他们站在饲料供应商的立场，会引起猫主们的一些反感。你只要把他们推荐的猫粮当作是"至少不是危险食物"的程度即可。一般来说猫粮分为有机的 organic、高档猫粮 holistic、超优质 Super Premium、优质 Premium、低档 Grocery Brand 这 5 个档位。

引起猫主们警觉的饲料事故

宝路事件　2004 年在韩国有很多狗狗和猫咪因为吃了 MasterFood 公司引进的宝路（Pedigree）饲料而出现肾衰竭。据饲料公司的调查说是生产原料中使用了泰国产的鸡肉，鸡肉里含有致命的霉菌导致了这起事件。

三聚氰胺　2007 年中国产的宠物饲料在美国被发现含有三聚氰胺，也因为这个原因美国大量的狗狗和猫咪死于肾脏疾患。三聚氰胺与其他物质结合会诱发严重的肾脏疾患。

❶ 有机型猫粮

此类猫粮采用的是有机农产品。相比碳水化合物的摄取，蛋白质的摄取对猫咪更加重要，所以不能认为有机型的猫粮就对猫咪绝对好。

成分 原材料不使用合成化肥、农药、抗生素、转基因植物 (GMO)、环境荷尔蒙等。

认证 材料名称 (Ingredient) 里有注明有机 (Organic)，是从有公信力的机构获得认证的饲料。

相关饲料 雪山有机猫粮、Natural core organic、欧奇斯猫粮 (organix)

等级 ★★★★☆
价格 ★★★★★

❷ 高端型猫粮（一等级）

饲料内的成分保存完好，易被吸收的最高级的饲料。

成分 直接使用粗粮，且去除了玉米、豆、小麦等易引起过敏的作物。不含有环境荷尔蒙，使用草药、果蔬在低温下制造。

认证 获得美国农务省 (USDA) 的认证（HumanGrade 或者 From USDA Approved Plant）

相关饲料 天然百利猫粮 (Natures Variety)、雪山牌猫粮 (Natural Balance)、卡比猫粮 (Felidae)、Go Natural、露华 (Innova)、Evolve、Chicken Soup

等级 ★★★★★
价格 ★★★★☆

❸ 超优质型（二等级）

富含维生素 C、维生素 E 等营养成分的高端饲料。

成分 肉类含量要比谷类含量高，含有副产品、肉粉、肉骨粉等成分。虽然不使用合成防腐剂、合成抗氧化剂，但是使用玉米、豆、小麦等易引起过敏的成分，且会为了充量添加补充剂。

等级 ★★★☆☆
价格 ★★★☆☆

相关饲料 雅思 (Artemis)、牛油果 (AvoDerm)、Natural Balance Super Premium、Naturalchoice、法国皇家（Royalcanin）

❹ 优质（一般等级）

从这个饲料等级以下的饲料以添加副产品为特点。副产品中包含骨头、皮、内脏、毛发等甚至人类不吃的东西。

成分　使用副产品和补充剂的比重高，也有使用出处不明的材料甚至使用合成防腐剂。

相关饲料　CatsRang、Proplan、Propet、ANF AD series

等级　★★☆☆☆
价格　★★★☆☆

❺ 低端猫粮

添加了各种副产品与色素。

成分　使用低价的材料，通过高温处理，肉类成分要比谷类成分的比重大。使用了人工防腐剂、色素、香料、除味剂等，也使用了肉类副产品、内脏、肉骨粉、牛骨粉等。还包含一些谷物加工的残渣。

相关饲料　SmithHeart、Gourme Golden、CatChow

等级　★☆☆☆☆
价格　★★☆☆☆

对猫咪有害的食物名称

肉类：鸡、牛、羊、火鸡等新鲜肉

肉类副产品：除新鲜肉之外的被宰杀动物的干净部分

禽类副产品：被宰杀家禽新鲜肉之外的干净部分

鱼产品：无法分解的整条鱼或通过研磨鱼块制作的干净组织

牛油：从牛身上提取的油脂

地谷：磨制掉落的玉米粒或加工细碎的东西

玉米小麦粉：制作玉米糖浆和淀粉后，取出玉米粒表皮、胚芽和淀粉烘干的残渣

Brewer Rice：被捣碎的米粒小切块

Brown Rice：米粒过滤后剩下的未被加工的米

黄豆副产品：制作完豆油后剩下的副产品

BHA、BHT、没食子酸丙酯（Propyl Gallate）、山梨酸钾（Potassium Sorbate）、山梨酸（Sorbic Acid)、丙二醇（Propylene Glycol）、乙氧喹（Ethoxyquin）、丙酸钠（Sodium Propionate）、苯甲酸钠（Sodium Benzoate）、合成防腐剂、合成抗氧化剂

猫粮的评价网页

http://www.petfoodratings.net/cats.html

这里的饲料评价相对公平，可作为猫主们的参考网页。在韩国经常可以见到的猫粮中像露华 (Innova)、Natural Ultra Premium、心灵鸡汤 (Chiken Soup)、卡比 (Felidae) 都得到了好的评价。法国皇家 (Rayal Canin)、希尔斯 (Science Diet)、普瑞纳 (Purina) 等则得到价格相比品质偏贵的评价。饲料的等级和价格会用星级区分，1 颗 ★ 表示等级低和价格低廉，5 颗 ★ 表示等级高，价格高昂。

牛油果 Avo Derm(Natural Chicken & Herring Meal)

等级	★★★	价格	★★★
网址	http://www.avoderm.com		
特点	含有糙米、鳄梨油	缺点	玉米、小麦的成分较多

加州天然 California Naturals (Chicken & Brown Rice)

等级	★★★★	价格	★★★
网址	http://www.californianaturalpet.com		

特点　使用了高品质的肉和谷物，含有葵花籽油和亚麻籽
缺点　不符合高蛋白需求者的要求

心灵鸡汤 Chicken Soup for the Cat Lover's Soul (Adult)

等级	★★★★★	价格	★★
网址	http://www.chickensoupforthepetloverssoul.com		

特点　富含多种肉类材料，不使用补充剂或副产品
缺点　几乎没有

优卡 Eukanuba (Adult Lamb & Rice Formula)

等级	★★	价格	★★
网址	http://www.eukanuba.com		

特点　含有鸡肉、羊肉和鱼油脂
缺点　含有副产品、过多的玉米和小麦

卡比 Felidae (Cat & Kitten)

等级	★★★★	价格	★★
网址	http://www.canidae.com		

特点　含有四种肉类加工品、高品质的谷物、蛋白质（提供蛋白质）和亚麻籽
缺点　虽然果蔬的含量低一点，但不足以成为缺点

露华 Innova Evo

等级	★★★★★	价格	★★★★
网址	http://www.naturapet.com		
特点	含有高品质肉类成分和青鱼油，不含谷物	缺点	价格高

雪山 Nuatural Balance Ultra Premium

等级	★★★★	价格	★★
网址	http://www.naturalbalanceinc.com		
特点	含有四种肉类成分和高品质的谷类、西红柿	缺点	含有小麦和酵母

普瑞纳妙多乐 rina Cat Chow (Indoor Formula)

等级	★	价格	★
网址	http://www.catchow.com		
特点	含有鲑鱼的成分，但是含量太少		
缺点	含有大量玉米和四季豆成分，用肉类副产品提供蛋白质营养		

普瑞纳冠能室内猫鸡肉米饭配方 Purina Pro Plan (Adult Chicken & Rice)

等级	★★	价格	★★★
网址	http://www.purina-proplan.com		
特点	使用了很多鸡肉，也含有鱼油、鸡蛋。大米是主要谷物成分		
缺点	含有很多玉米、小麦成分		

法国皇家 Royal Canin (Indoor Adult)

等级	★★★	价格	★★★★
网址	http://www.royalcanin.us		
特点	含有很多鸡肉成分，大米为主要谷物成分。含有较高的蔬菜纤维，也含有鱼油成分		
缺点	使用了很多玉米成分，含盐度也高		

希尔斯 Science Diet (Adult Original)

等级	★	价格	★★★★
网址	http://www.hillspet.com		
特点	没有		
缺点	肉是主要的蛋白质来源，还有玉米是主要成分		

伟嘉 Whiskas (Meaty Selections)

等级	★	价格	★
网址	http://www.whiskas.com		
特点	没有		
缺点	高玉米含量，肉类副产品为主要蛋白质提供成分。含稻米和小麦成分，且使用了人工香辛料		

为什么要给猫咪提供好的猫粮

❶ 猫咪对猫粮的依存度高

也有一些猫主根据不同情况给猫咪喂食鱼类或者加了营养素的生肉。但是总体来说猫咪对猫粮的依存度还是蛮高的。有些猫咪只习惯吃猫粮不吃其他食物，所以有些时候猫咪的毛发状态、排便情况和肌肉情况等也会根据猫粮的变化而变化。

❷ 不同等级的猫粮之间的品质差别远大于价格差

一只猫咪一个月的猫粮费用大概在 2.5 万韩元 (相当于 150 元人民币左右)。如果你提高一个猫粮的档次，那猫粮费大概会在 3.5 万韩元 (相当于 210 元人民币左右)。这种价格足以给猫咪提供高档 (holistic) 以上档次的猫粮。价格上虽然仅仅差 1 万韩元左右，但是猫粮间的品质差还是蛮大的，如防腐剂用的是天然的还是人工的，蛋白质是由肉类副产品还是新鲜肉提供的等。有些时候价格上只差 3000~4000 韩元，但品质上就有很大的优劣差异。所以只要你有心，绝对可以用更经济的价格买回更高品质的猫粮。

❸ 提高猫咪的免疫力

这倒不是说给猫咪喂食好的饲料就可以祛除猫咪的疾病，只是如果你给猫咪经常喂食好的猫粮，猫的抵抗力会增强。不一定贵的就好，便宜的就不好，更不能说你给猫咪喂食高档猫粮你就是好主人。只是给你提个醒，在给猫咪挑选猫粮时不能犯"很贵的价格买来低端的猫粮"的错。

高端的饲料如果你一次性买的量大，也可以得到价格上的优惠。所以你也可以考虑预先购买猫粮，做好储存保管。

购买猫粮时需要注意的

❶ 有名的猫粮不一定是好的猫粮

这倒不是讽刺那些一味选择有名的国际产品的猫主们，只是往往越出名的猫粮可能其品质却很一般。就像可口可乐和麦当劳汉堡包在全世界很有名，但它们可能就不是好的食物。猫粮也一样，如果你想给你的猫咪喂食好的猫粮，一定要下点功夫找出理想的猫粮。

❷ 与其注意成分里面含有什么，不如注意成分里面缺了什么

我们看饼干包装、面包包装或者奶糖包装，厂商都会把最好的成分写在显眼的位置。与其被漂亮的包装所诱惑，猫主们不如认认真真地看一下你挑选的猫粮里面是不是含有人工色素或者其他人工化学成分。有些幼猫的猫粮外包装上厂商也会写"有助于防止牙结石"、"有助于改善皮肤疾患"等标语，你要记住这些标语不能代表这种猫粮的成分就是好的，还不如仔细检查是否含有人工色素、人工防腐剂等对猫咪健康重要的内容呢。

❸ 价格低廉、品质又好的猫粮是没有的

你要放弃想买到价格低廉、品质又好的猫粮的想法。要明白，猫粮有价格高而品质低的，却没有价格低而品质高的。大部分饲料的价格都是和它们的成分优劣成正比的。所以即便是外包装上如何鼓吹高端、有机等特点，只要价格低廉你就可以认为它们是低端猫粮。

❹ 要注意猫粮包装上不显眼位置的小字体说明

不用看美丽的包装用语，但外包装不显眼位置的小字体说明一定要认认真真地看。

🐾 有时需要给猫咪喂点生食

如果你的猫咪患有慢性皮肤病、肾脏疾患或者先天性疾病，你可以试一下给猫咪喂生食。费用可能在一个月5万韩元（300元人民币）左右，会比药费要便宜很多。给猫咪喂生食虽不是万病皆治的良方，但肯定能提高猫咪的身体免疫力。如果你的猫咪以前一直是吃着猫粮，那你可以循序渐进地在猫粮里掺入一些生食，让猫咪逐渐适应。当然，给猫咪喂生食要更加注重预防猫咪的寄生虫疾患。因为猫咪体内的寄生虫可能对猫咪没有什么，但是有些是可以传染到人类引发人类疾病的。如果你没有时间给猫咪弄生食，也可以到猫咪生食专卖店购买。

猫咪生食专卖店

http://www.gororong.com/
http://www.vitapet.co.kr/
http://www.mammypet.com/
http://www.wong2ne.com/
http://www.holicarebarf.co.kr/
http://www.obalance.com/

制作猫咪生食的方法

☞ 制作时需要注意的内容

❶ 牛磺酸是维持猫咪生存必不可少的氨基酸。但过早添加牛磺酸到生食中，有可能会在冰箱保存时变性，所以牛磺酸要在给猫咪喂食生食之前添加。

❷ 猫咪不需要通过谷物摄取碳水化合物。

❸ 猫咪必需的亚麻油酸、α-亚麻油酸和花生四烯酸这三种脂肪酸都含在植物性、动物性油脂里。

❹ 通过肝脏类食物给猫咪补充维生素 A。

❺ 可通过鸡肉和鱼类给猫咪补充必要的烟酸。

☞ 制作猫咪生食的方法

鸡胸肉
鸡肝
鸡骨

❶ 购买 2kg 鸡胸肉、1kg 鸡肝、1kg 鸡骨或者直接购买一只鸡剁成小块，鸡骨也要剁成块。如果是幼猫，要用粉末机将鸡骨捣碎。

❷ 取 4 个鸡蛋黄、2 杯水、牛磺酸、鲑鱼油、洋车前子粉、维生素 B 复合剂、维生素 E、海草和红藻。具体用量见下述。

❸ 按每顿食量分好进行冷藏保存，如果冷藏的量较多，牛磺酸和维生素须在喂食前进行添加。

❹ 放入冷藏室保存，食用时用沸水焯过后给猫咪喂食。

注意要点

一周制作一两次就可以了。如果制作的食物在冰箱里放置过长时间，里面的营养成分会被破坏甚至变质。500mg 的牛磺酸和800mg 的维生素 E 最好在给猫咪喂食之前进行添加。食物中如果钙质过多可能会引起猫咪便秘等问题，但添加的鸡骨内的钙质含量还是没问题的。

☞ 制作生食时各成分含量

● 肉和骨头 2kg

● 肝 200g 或者肝粉 90ml

● 水 2 杯

● 牛磺酸 4000mg

● 鲑鱼油 4000mg

● 洋车前子粉 4 勺 (Psyllium Husk Powder)

● 鸡蛋黄 4 个

● 海草 1 勺 (kelp)

● 红藻 1 勺 (dulse)

● 维生素 E 800mg

● 维生素 B 200mg

猫咪的用品

猫咪厕所

猫咪厕所是领养猫咪之前一定要准备的物品。猫咪厕所大致分为房间型、平板型、便器型和训练型。

房间型

特点 带有出入门，猫咪可以到里面方便。

优点 猫咪排便隐蔽，也可以防止味道扩散。

缺点 打扫起来不方便。

其他 是猫主们使用最多的类型。

平板型

特点 没有盖子的开放型的猫咪厕所，是从箱子演变过来的。

优点 便于打扫，价格经济。

缺点 味道容易扩散，排出的便也暴露在外。

其他 如果需要观察猫咪的排便状况倒是蛮适合的。

便器型

特点 像婴儿的便器一样，猫咪排出的便会掉进桶里。

优点 猫咪的脚不会直接接触底部的猫砂，可以防止出现沙漠化。

缺点 如果排便不准，便会沾到旁边去，猫咪适应起来也需要时间。

其他 对于呼吸道过敏的人和有孩子的家庭比较合适。

训练型

特点 猫咪可以直接在便器里方便。

优点 不用额外给猫咪处理大小便，最方便。

缺点 训练需要时间。

其他 如果过高要求猫咪，可能会让猫咪患上便秘。

猫咪梳

只要你是猫主，不管养的猫是短毛的还是长毛的，都面临着与毛发的战争。如果你明白养猫最大的问题是毛发的话，你就会明白猫梳的重要性。猫梳的种类、功能和价格多样。给猫咪梳理毛发可以去除猫身上已掉落的毛发，防止毛发乱飞，也能改善毛发质量，对猫主和猫咪间的情感交流也有很大的好处。

不同的猫梳根据不同的使用特点，有些会让猫咪乖乖地喜欢被梳理，有些则会让猫咪被扎痛之后逃之夭夭。所以选择猫梳时，要先了解各种猫梳的优劣，选择适合自己猫咪的猫梳。

值得推荐的是"ZoomGroom硅胶梳"和"自动除毛梳"。硅胶梳可以很好地去除短毛猫身上掉落的毛发，自动除毛梳会防止毛发乱飞，打开后部的拉杆可以自动清除梳理下的毛发。

猫咪移动屋

使用狗狗的移动屋移动猫咪是危险的征兆。狗狗可以放在像女士拷包一样一侧开口的移动屋内，猫咪如果放进这样的移动屋，肯定会跳出来的。所以猫咪的移动屋一定要四面都有遮挡才可以。如果是成年猫的移动屋，需要比猫咪的体型更大一些的移动屋。总之带猫咪出门时，一定会用到猫咪移动屋，移动屋是猫主们需要准备的必需品。

猫抓板

猫咪喜欢抓房间里的家具或者地板。它可以通过抓家具或者地板的方式缓解压力，也通过这样的方式留下自己的气味以划出自己的领地。所以准备一个专门让猫咪抓的玩具是非常必要的，否则你的家具、沙发或者地板可能就保不住了。抓挠的程度每只猫咪可能都不一样，它们喜欢抓的材料、地方可能也不一样。如果你的猫咪特别喜欢抓挠东西，你就需要观察猫咪喜欢抓什么材料的东西，喜欢在什么地方抓挠，然后在猫咪喜欢的位置上，放上替代的猫抓板。防止猫抓的方法也有给猫咪戴上爪套，将猫咪的趾甲韧带切断或者剪除猫咪指甲。经常给猫咪剪剪指甲，给猫咪提供猫抓板应该是最好的办法了。

自动除毛梳

硅胶刷

移动屋

猫抓板

猫咪的睡垫

如果你是刚刚领养猫咪的猫主，没准你会下功夫给猫咪买个睡垫，但是你很快会发现猫咪对这些睡垫一点都不感兴趣。因为猫咪不习惯睡在一个地方，它会挑沙发、屋角、台子、桌子和窗台等地方梳理毛发，睡睡懒觉。猫咪喜欢新的空间或者狭窄的空间，还喜欢特别的地板。如果打开一本书，它会跑到书上面去，如果你买来了新的沙发，它会爬到新沙发上去。猫咪也喜欢封闭的环境，所以经常会爬到箱子里面，有些时候你可能也会发现猫咪在购物袋里待着。即便你给心爱的猫咪买来猫咪屋，可能它会进进出出一阵子，但不会被吸引很久。

睡垫

猫咪的玩具

对于幼猫来讲，玩耍可以增强猫咪的肌肉，训练敏捷的反应能力，还可以增加与主人的感情交流。

老鼠玩具　幼猫喜欢的玩乐之一是滚动着有老鼠玩具的箱子揪出老鼠来。猫咪会被箱子里面的球或者老鼠玩具吸引，整天滚着箱子玩。猫咪们天生反应就快。像吊在钓竿上的老鼠玩具能刺激猫咪的捕猎本能，也是猫咪喜欢的玩具之一。

激光点　　猫咪有个特点就是看到动的物体它就追。追逐激光点就是很好的证明。对于视力比人类要模糊很多的猫咪来讲，激光点的亮光无疑会给猫咪很大的刺激，晃动激光点也是让猫咪们兴奋地动起来的一个手段。

逗猫棒　　主人拿着逗猫棒在猫咪面前晃来晃去，来刺激猫咪天生的捕猎本能。

老鼠玩具

猫咪的喂餐盒

　　猫咪的喂餐盒没有什么特殊的要求。但是如果你想给猫咪准备更好的喂餐盒，可以参考以下叙述。

　　猫咪的喂餐盒从优到劣排序依次为：玻璃→不锈钢器皿→塑料。最好用玻璃器皿是因为玻璃器皿的味道残留最小。当然也有像喷水池一样的迎合猫咪喜欢流水特性的喂餐器皿，以及满足上班族们的带有定时定量发放食物功能的自动喂餐盒，大家可以根据自己需要选择喂餐盒。

喂餐盒

05 同时养猫和养狗

🐾 先打消你对狗狗和猫咪不和的偏见

随着猫咪的人气越来越高，很多之前养狗的人们也想着再领养一只猫咪。即便养狗的人和养猫的人性格上可能有些不同，但都是因为喜欢动物才开始养猫养狗的。所以最近同时养狗狗和猫咪的宠物主们也不少。很多人在考虑同时养狗狗和猫咪时就怕两种宠物合不来，但其实狗狗和猫咪经过初期的适应期，除非偶尔出现的特殊情况，一般"两兄妹"都会和谐相处，甚至你会发现猫咪会给狗狗梳理毛发。

🐾 如果狗狗和猫咪都是幼崽时

如果狗狗和猫咪都是幼崽，那一般问题不大，在它们个性形成之前都好办。你会发现两个小东西一起睡，一起吃，一起玩，互相依靠着生活。如果狗狗和猫咪出生不到一年，两个小东西一起生活起来都问题不大的。

怎样让猫咪和狗狗和谐相处

- 使用带有体味的物品——将带有各自体味的衣服、垫子、毛巾等物品放到对方房间里，让它们渐渐适应对方的味道。

- 逐渐增加狗狗和猫咪共处的时间——将狗狗和猫咪放进各自的笼子里，两个笼子相对着，让它们互相看着对方。刚开始可以先让它们对视 30 分钟，第二天可以将时间增加到 40 分钟，第三天可增加到 50 分钟，这样循序渐进。但也可以将狗狗和猫咪各自拴住，让它们进行眼神的交流，如果双方出现打架的趋势，就通过急拉拴绳，跟它们说"不行"等话语告诉它们那是错误的行为。

- 替换各自的睡屋——如果在有对方体味的地方睡过觉，就更容易适应对方的味道，逐渐放松对对方的警惕了。

- 要避免狗狗和猫咪突然在一起——猫咪和狗狗的语言是不一样的。猫咪可能会讨厌狗狗的急性子。有时猫咪会直接用猫爪攻击叫唤不停的狗狗，作为主人的你可能经常会看到晚上被猫咪抓伤过来告状的狗狗。所以在它们互相认可对方前，还是让它们保持一定距离为好。

😺 幼猫加入狗狗家庭

如果你之前是养狗狗的宠物主，带回一只幼猫来养的话，如果你的狗狗性格不算太敏感，两个家伙一般都会和谐相处。幼猫会很快跟着狗狗玩。猫咪的体型虽然比狗狗小很多，但是猫咪灵活的行动能力可以使它轻松跟上狗狗的速度。即使两个小东西打起来，猫咪也不会轻易就输掉。

😺 狗狗加入猫咪家庭

如果你之前养的是猫咪，这种情况下你想带回狗狗来养，问题可能就出现了。如果你的猫咪从小开始跟很多人很多宠物接触过，交际能力比较强，也比较温驯，那问题应该不会很大。一般在卖场长大的猫咪或者在宠物医院长大的猫咪会有这种特性。但如果你的猫咪从小就在你的怀抱里长大，也没有怎么接触过外人的话，你突然带回来一只狗狗，会让你的猫咪很烦躁。如果你的猫咪是还没有做绝育手术的有野性的猫咪，它更会表现出保护自己领地的警觉性，发出"呲——哈——"的攻击声音。没准两个家伙的适应时间会达 2 个月以上。有些猫咪甚至压力太大得急性膀胱炎，弄得猫主们不得不放弃领养狗狗的打算。所以如果你的猫咪的性格较为敏感，领回新的家庭成员之前一定要慎重考虑才行。如果你想让它们和谐相处，那就需要让它们各自慢慢适应，不要一下子就把它们凑在一起。

😺 你要领养第二只猫咪

猫咪和猫主们的关系可能随着领养猫咪的数量而产生变化。如果你之前就养着一只猫咪，猫咪肯定是跟你最亲，但是如果你领养的猫咪数量多于两只，那可能猫咪之间的亲密程度要大于你和猫咪的亲密程度了。如果你想给独自在家的猫咪添另外一只猫咪朋友，你需要先试探清楚。因为根据猫咪性格的不同，有些猫咪是很容易得到对方认可的，但有些却会让你的猫咪保持警惕，甚至出现排斥攻击的反应。

🐾 领养第二只猫咪时需要考虑的问题

猫咪的健康状况

需要了解猫咪疫苗接种的情况，进行身体检查后，确认是否有腹泻、呕吐等健康问题，还要了解猫咪的食欲是否正常。考虑到传染病的风险，可以将新猫咪隔离1周到10天左右，观察猫咪的身体状况。

沾对方的分泌物

如果第二只猫咪比你的猫咪年龄小或者体型小，那两只猫咪相处起来会更加容易一些。可以将对方脸上的分泌物用布块蘸上，沾到对方的身体上，让彼此熟悉对方的味道。

区分各自的领地

最初几天可以给两只猫咪区分各自的领地，然后在猫主的中立区域给它们喂食，与它们玩耍。每天给它们调换睡觉的位置，让它们逐渐适应对方的气味。

给第一只猫咪特别的关爱

最初几天要先过问第一只猫咪，先给第一只猫咪喂食，让第一只猫咪感受到你的温暖。如果两只猫咪在熟悉的过程中打架了，可以先让它们分开，让它们从头开始慢慢地认识彼此。

如果你的猫咪还是不适应新伙伴而倍感压力

来宠物医院咨询的猫主们的很多问题都是"因为新猫咪的加入，第一只猫咪出现喷尿划领地或者出现急性膀胱炎怎么办"的咨询。这种情况下，绝育手术可能会缓解猫咪的情绪。大部分的猫咪即使刚接触的时候不和，但随着时间的推移，接触的增多，都会慢慢适应对方成为好伙伴。但是也有特殊情况，例如原来的猫咪坚决不接受新猫咪加入。此时需要猫主们进行妥协。所以猫主们在准备领养第二只猫咪前，最好是先让新猫咪串串门，观察一下猫咪们相处的情况再做决定。

让我成为宠物医生的是喜欢舔
我手臂的 Minky

　　Minky 在 3 个月大的时候做了一个肠管吻合的大手术。起初 Minky 不吃东西，我以为它得了抑郁症，所以经常说它呢。直到有一天我兽医专业的前辈来我家找我，听说之后跟我说：猫哪有什么抑郁症啊？肯定是身体出了什么问题啦！　我才恍然大悟，急忙将 Minky 送到我们学校的宠物医院去。那时的 Minky 已经一周不吃东西了，因为脱水连血管都找不见。当时还念兽医专业一年级的我连脱水是什么都不知道，真是惭愧啊。

　　好不容易在 Minky 的脖子上找到血管，进行了化验检查。X 光检测显示 Minky 的肚子里面有铁丝状的东西，必须做紧急手术将其取出才行。阻止我们进行手术的前辈认为 Minky 太小，再加上有严重脱水的问题，有可能因为注射麻醉死亡。当时前辈跟我说，手术分 5 种情况，第 5 种情况是即使手术也保不住命的，第 4 种情况是手术有可能保住性命，但是手术失败的可能性相当高。当时前辈跟我说 Minky 属于第 4 种情况。在外面等待 Minky 做手术的那几小时感觉是我出生后最漫长的几小时。那时才体会到，养狗的朋友因为失去爱狗而伤心哭泣的心情。　无法跟人类正常交流的 Minky 受了多大的苦啊！都是因为我的疏忽、我的怠慢、我的无知才让 Minky 受了这么大的苦啊！心里想着这些不知不觉我的眼泪就掉下来了。

　　听前辈说手术时 Minky 的呼吸断过好几次，经历了很多惊险的状况。从 Minky 的胃和肠里取出来耳机线、胶带、绳之类的东西。原来一起养着的狗狗玛丽经常翻垃圾桶，Minky 可能就吃了那些从垃圾桶里翻出来的东西。以前发现过 Minky 把耳机线咬坏了，但真没想到它竟然吃掉了那个东西。它干吗要吃耳机线呢？

听前辈说宠物医院急诊室排名第一的急症就是吞异物，经常是吞了李子核、珠子、橡胶玩具、橡胶瓶盖的宠物被送到医院急诊室。像珠子之类的东西还较容易被 X 光检测看出来，甚至手摸也能摸出来，手术相对稍微轻松一点，但是像李子核、橡胶类的东西就很难被 X 光检测发现，所以对领养者们说明他们的宠物吞了这些东西需要动手术，也是一项费口舌的工作。

手术后的 Minky 身体有所好转，也喜欢吃东西了。高兴得我赶紧给 Minky 准备了很多好吃的，让 Minky 吃得饱饱的，吃到肚子鼓鼓的像皮球一样。再次去宠物医院的我差点被前辈骂哭了，前辈说给刚做完肠道手术的 Minky 吃过量的食物无异于让刚做完手术的人出去跑步一样残忍。

现在我也成了一名宠物医生，也会经常接触到因为自己心爱的宠物吞了异物而焦急的宠物主们，也会在给宠物们做完手术后，想着宠物们快点好起来而睡不着觉。特别是做完肠道吻合手术的宠物出现呕吐的情况会让我很揪心，也能体会当时前辈对我的训斥。

Minky 是让我成为宠物医生的一等功臣。因为我越爱 Minky 就越想成为一位出色的宠物医生。成为像当初救活 Minky 的前辈一样的医生是我的目标。每当看到自己诊治的宠物逐渐好转，每当看到主人们欣慰地带着康复的宠物离开，我就会感觉我也成了一名宠物医生。有些时候我甚至会想，是不是当初 Minky 为了让我好好学习兽医专业，故意吞了耳机线吓唬我的呢。我想成为既有前辈医师严谨的工作态度又像宠物主人一样关怀宠物的真正的宠物医生。

做宠物医生感觉怎么样

人气越来越旺的宠物医生职业

在我第一次准备报考兽医专业的1990年，很多人甚至不知道兽医师是做什么的。所以我也经过长时间的思想斗争之后，放弃了报考兽医专业而选择了常规大学。直到7年之后我才重新鼓起勇气成为大龄兽医专业学生。7年之间社会对兽医专业的认同度也有了明显改观，报考兽医专业的人数和分数也有了很大的提高，跟我同期的同学中还有人是重点大学的硕士，甚至2005年韩国全北大学的最高入学分出现在了兽医专业而非医科专业，可见兽医专业的人气之高了。可能是因为社会上对兽医专业的观念改观，因此很多小朋友对此更为关注。记得有一次我将我的兽医专业生活写在了我的博客上，我并没有怎么在意，过了几天上博客一看，留言多得让我无法一一回复。直到现在我还能经常收到类似"我也想当一名兽医师，我该怎么努力呢"的邮件。

这些读者的问题大概能分成两类。一类是真的太喜欢动物了，所以长大想成为兽医师的小朋友的提问，还有一类是像"如果成为兽医师能有多少收入"的实际又具体的提问。遗憾的是无论是前者还是后者，我都无法给予正面的回答。

喜欢动物的人当上兽医师会幸福吗

兽医师首先要喜欢动物才行。作为兽医师要喜欢跟动物在一起，不对动物的排便或者毛发产生反感才可以。但是如果你是恨不得把街头上所有流浪动物揽在怀中统统收养的性格，我觉得你更适合成为一名动物保护人士。兽医专业其实是很难让动物爱护者待着的地方。因为从大学一年级开始就有解剖学实验，大学二年级开始就有实验室的动物实验，还有大学四年级的手术实习，加上如果你毕业后在研究所工作，更是

需要做很多动物实验。说白了兽医师这个群体不是爱护动物人士的群体，而是研究动物的群体。

兽医师收入怎么样

　　如果你是为有一份稳定的工作而准备做兽医师，那我劝你放弃这个想法吧。除非你是宠物医院的院长，如果你只是上班的宠物医生，你的工作真不能说是稳定的。即使你自己开了一家宠物医院，也不能保证你能赚到钱，反而你要承担更大的风险。

　　这倒不是说我对当兽医师心存不满。像我本身就特别喜欢动物，所以即使兽医师工作本身有很多不确定性存在，我还是在工作中自得其乐。虽然这也是维持我生计的一份工作，但是每当看到小动物们康复，我总是有很大的成就感和幸福感。因为当初选择兽医师这条路时并没期望有多高的收入，所以我很满足于现在的收入。就看你看中的是什么了，如果你从兽医师的工作中得到了你期望的成就感、满足感，自然这份工作就适合你。我只是不希望看到很多人茫然地进入了这个行业又发现医科大学毕业的同学的收入要高出很多而失落，或者进入这个行业之后才发现自己并不适合这个行业而后悔。

Part 2　养育幼猫

养活幼猫

幼猫衰亡症候群

衰亡症候群是指 15%~40% 的幼狗和幼猫在出生 12 周内夭折的现象。有在胎中夭折，分娩之后夭折，也有在出生后 2 周内因为营养不良夭折的情况。断奶后 5~12 周夭折率很高，只要度过 12 周，死亡率就会急速下降。夭折的原因大致有先天性缺陷、遗传疾病、不当的哺育、外伤和传染疾病等。先天性缺陷是指机能缺陷，神经、循环系统、呼吸系统缺陷等先天的器官、功能缺陷。从同一胎猫咪最瘦小幼猫的口腔中也可能发现有些猫咪没有上颚，这相当于人类的唇裂疾病，这种幼猫最终会因为营养摄取不良而夭折。

猫咪也跟人类一样，如果在怀孕中吃了不当的药物，会导致幼猫畸形。所以如果猫咪在怀孕中得病，需要药物治疗，一定要向兽医师咨询，给猫咪服用不影响胎盘的药物。

营养不良也是早期导致猫咪夭折的主要原因。特别是猫咪缺乏牛磺酸会导致流产、胎儿营养不良、发育不良等问题。

猫咪在出生前到出生后 12 周的时间里会经历很多危险关口。先天性缺陷或者病毒性疾病等疑难病症导致的夭折，我们可能无能为力，但是我们至少可以避免猫咪出现营养不良等后天导致的夭折。像很多产妇生孩子前努力看书学习相关知识一样，作为猫咪的主人，我们也要为猫咪养育做好充足的功课。

02 把猫咪带回家

🐾 最好利用周末时间

如果你决定认养一只猫咪，那不管你是从其他猫主那里还是在宠物医院领养，建议挑选周末将猫咪带回家。这样所有家庭成员都可以见到猫咪，给猫咪足够的关怀与爱护，有助于猫咪尽快地适应新的环境。

🐾 利用好费洛蒙

将猫咪下巴分泌的脸部荷尔蒙沾到房间的各个地方有助于猫咪尽快适应陌生的环境。也可以从市面上买回来费洛蒙制品使用。猫咪在感到幸福或者舒服的时候会从胡须周围分泌出有特殊香味的分泌物，这时猫咪如果将脸蹭到旁边的东西上，会让这种香味弥散开来。所以看到猫咪将脸蹭到物体上，就表示猫咪感觉到幸福，并想要将自己的费洛蒙散发到其他地方去。市面上有一种合成的费洛蒙，是名字叫"Feliway"的喷剂。如果能提前 24~48 小时喷上该喷剂，带回幼猫后，猫咪会感觉非常舒服，容易适应新环境。

🐾 准备猫咪移动屋

带回猫咪时一定要使用猫咪移动屋将猫咪带回。如果你准备抱着猫咪回来，可能在回家的路上猫咪会突然跑出去，为了抓住猫咪，可能让你也处在危险的交通环境中。搬运本身对猫咪是一种折磨，所以带回猫咪前，先在猫咪移动屋里放置一些软垫，尽量让猫咪在被运回家的过程中感到舒服，不紧张。

🐾 事先给猫咪划定好区域

喂食区域

喂食区域要远离猫咪的排便区域。但是如果猫咪的喂食区域离厨房和餐厅过近，又可能会让猫咪爬到我们的餐桌上找东西吃。所以猫咪的喂食区域最好要离厨房和餐厅远一些。

排便区域

猫咪的排便区域要远离猫咪的喂食区域和我们的生活区域，但是也不能挑选让幼猫很难找到的地方。如果排便区域找起来太难，幼猫可能会出现排便障碍。所以猫咪的排便区域要定在猫咪容易找到且不受干扰的地方。

玩耍区域

猫咪的玩耍区域是猫咪平时的活动场所，所以要选择宽阔的区域。如果在玩耍区域添置一些摸爬滚打的玩具那就更好了。当然如果能将市面上销售的猫咪屋安置在阳光充足的窗台边就最好了，不过猫咪屋很贵。其实阳光充足的窗台、桌子、沙发对猫咪已经足够了。猫咪喜欢阳光充足的窗台和高处，还有软软的垫子，我们可以在猫咪喜欢待的地方，事先放置一些软垫来帮助猫咪尽快适应环境。

休息区域

休息区域是猫咪睡觉的空间。有一些猫咪是从小开始跟主人一起睡觉，但如果你的猫咪是喜欢外出的淘气家伙，那最好严禁猫咪接近你的床铺。只要给猫咪准备几处安静又柔软的休息区域，猫咪会自觉地找个地方睡觉。如果是幼猫可以将睡觉区域安排得离主人近一点，以便随时照顾。

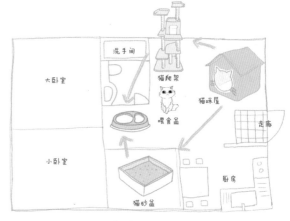

猫咪生活区域结构图

😸 提起猫咪的正确做法

提起幼猫时一定要多加小心。绝对不能抓着尾巴或者头，或者直接提起猫咪的两只前腿。如果是很小的幼猫，提起猫咪时要用另一只手托起猫咪的腹部，如果是稍微大一点的猫咪，要用另一只手托着猫咪的屁股提起。也可以像母猫提起幼猫一样，轻轻地揪起颈背提起，这样会有助于让幼猫感觉到你是它的主人。

😸 为幼猫准备的安全装置

纱窗

猫咪喜欢爬到高处，特别是喜欢在窗台上度过大部分时间，所以如果窗户开着猫咪就很容易跑出去。只要看到动的物体，猫咪就有追出去的习惯，所以在高层建筑里养猫咪的人要特别注意在窗户上安装纱窗。实际上因为跳出窗户而导致骨折的猫咪真的不少，所以纱窗是养猫咪必要的安全装置之一。

电线

房间里的电线一定要藏起来不让猫咪看到。幼猫只要看到线、绳一样的东西就会尝试咬一咬，电线也不例外。最严重的情况是，发生猫咪咬电线被电击猝死的状况。所以在幼猫成长过程中一定要藏好电线，不让猫咪看到才行。

衣柜、洗衣机

平时衣柜和洗衣机的门一定要关好。猫咪喜欢躲进阴暗和狭窄的空间里，所以衣柜和洗衣机也是它们经常爬进去的地方。如果不知道你的猫咪在衣柜或者洗衣机里，就大意地将衣柜门或者洗衣机门关上，会让猫咪在里面窒息，甚至会跟洗衣机一起转动出现危险状况。

杀虫类药剂

蟑螂药、鼠药、杀虫剂、除草剂等有毒药剂要藏到猫咪接触不到的地方。无论什么东西猫咪都习惯舔一舔，所以这些药剂无疑对猫咪是致命的。像洗手间的马桶清洁剂、洗洁精等都应该远离猫咪，否则猫咪会误以为是水喝掉。

对猫咪有害的花草

猫主们最好还是把对猫咪有害的花草搬走。虽然猫咪出于本能能认出对自己不好的花草，但是幼猫可能会有例外。

对猫咪有害的代表性花草　仙客来、冬青、槲寄生属植物、紫藤、喜林芋、杜鹃花、杜鹃属植物、冬珊瑚、圣诞红、爬山虎、桃叶珊瑚、四季豆。

垃圾桶盖和便器盖

要时时确认垃圾桶盖和便器盖有没有盖好，因为好奇的幼猫可能会爬进垃圾桶误吞异物，也可能会爬到便器上误喝便器中的水，当然也有可能会掉下去。

其他的物品

像橡皮、图钉、针线等对幼猫有危险的东西都最好藏起来。一块小小的黄色橡皮如果被幼猫误吞下去，可能就会危及它的生命。

🐾 等待猫咪的适应

第一次将猫咪领回家的夜晚对猫主们来说肯定会非常激动，但是对于幼猫来说是来到了陌生的环境，猫咪可能会既紧张又不安。大部分的猫咪可能会不吃东西，不排便，会找一个角落不怎么动弹，也有一些会因为压力太大出现腹泻现象。甚至几天都会躲到床底下，看不见猫咪的情况也会有。这时猫主们千万别着急，要明白耐心等待猫咪适应新环境就是对猫咪最好的关心。

了解幼猫的性格

🐾 猫咪的性格测试

猫咪也有多种多样的性格。活泼而又喜欢交流的猫咪最适合跟人类生活在一起。我们可以利用简单的测试了解猫咪的性格。

交流能力测试

如果猫咪对鞋带感兴趣或者靠到主人身边蹭蹭身子，说明猫咪的交流能力比较强。但是如果当你接近猫咪时，猫咪表现出恐惧，想要逃跑，说明猫咪还没有培养出适当的交流能力或者猫咪因为新的环境还处于恐慌之中。可以给猫咪提供玩具，尝试着跟猫咪交流，有助于训练猫咪的交流能力。

银箔纸球测试

将银箔纸球在猫咪面前滚动，大部分的幼猫都会对银箔纸球非常感兴趣。如果猫咪的反应过慢，就表示猫咪对外部的可动物体没有什么兴趣。

服从测试

如果猫咪允许主人抚摸自己的腹部，就说明猫咪认可了主人的权威，属于温驯的猫咪。相反也有猫咪出现反抗，例如咬、抓等反应。此时猫主们不要急着改变猫的行为，要试着通过关怀和训练慢慢让猫咪认识你是它的主人。

噪声测试

在猫咪面前大声拍掌，如果猫咪产生好奇，说明猫咪生长在有足够声音和刺激的环境里。但相反如果猫咪逃跑或者表现出恐惧，则要尽可能让猫咪处在有声音的环境中，对于它的知觉和感觉发展有相当大的帮助。

04 给幼猫喂食

🐾 正确的哺育管理

判断幼猫是否健康的依据是幼猫的体重变化。正在长身体的 3 个月里，最好能每天同一时间给猫咪称体重以做参考。根据猫咪的品种不同，体重增加量也不太一样，但一般以 10~30g 为每天平均增加量。直到半年左右都呈现垂直曲线上升，之后上升速度开始变得缓慢。一直到 1 岁左右只会有些微增加，公猫要比母猫增长更多一点。

猫咪消化系统的特点

看到下面的数据，猫主们就会理解为什么猫咪饲料的气味对猫咪很重要了。猫咪的味觉还不到人类的 1/10，算是味觉比较钝化的了，但是猫咪的嗅觉却是人类的三四倍。所以猫咪对不同的口味不会太在意，相反对气味会有很敏感的反应。而且猫咪的消化机能很低，所以最好能给猫咪挑选吸收率高的好猫粮。

	猫咪	人类	猫咪的特点
嗅觉细胞数量	6000 万 ~6500 万	500 万 ~2000 万	对气味非常敏感
味蕾数	500	9000	对口味不敏感
对比体重，消化机能比率	2.8%~3.5%	10%	消化机能低下

🐾 幼猫的喂食

出生后 1 周

　　出生第 1 周的猫咪最好是喂母乳。如果条件不允许，那就从宠物医院买初乳产品和奶瓶，且在沸水中稍加热后喂食。需要每隔 3 小时给猫咪喂奶，喂食时，要时时观察猫咪口腔，防止奶入气道。强制给猫咪喂奶很危险。

出生后 4~5 周

　　到了这个时候就可以给猫咪喂食固态的食物了。开始的时候可以将猫粮泡在稍加热的奶水中或者泡在温水中喂食，之后慢慢减少奶水或温水的量，逐渐让猫咪适应固态食物。一般猫咪长牙也在这个时候，可以时不时检查一下猫咪的牙齿状况。

出生后 1~2 个月

　　这个时候给猫咪提供 25~30g 的饲料为宜，每过一个月增加 10g 左右的供应量。最初可以将半个纸杯的猫粮一天分成 4 次给猫咪喂食，随着猫咪的体重增加逐渐调整喂食的量。

　　吃剩的猫粮要及时给猫咪收拾一下，如果你要外出或者睡觉，要提前给猫咪准备足够的水和猫粮。千万不要听什么要数多少粒猫粮啊或者一天只能喂食两次啊之类的

给幼猫喂食时需要注意的几点

1. 幼猫喜欢不定时地回来吃东西。但是如果一直将猫粮搁在那里，像罐头猫粮、泡在牛奶或者温水里的猫粮都会有变质的可能，且喂食的猫粮也可能会变得干巴巴的。所以给猫咪喂食时最好是只拿出一点儿足够猫吃一顿的，其他的放到密闭容器里冷藏保存。还有每次给猫咪喂食前，可以将猫粮用微波炉加热 10 秒左右，让猫咪吃到热乎乎的猫粮。

2. 幼猫对于吃的东西好奇心很强，所以有些时候也会对我们平常吃的东西感兴趣。但是我们平常吃的东西千万不能给猫咪吃，我们的食物对猫咪而言，盐分很高，营养不均衡，而且也会让猫咪养成爬到餐桌上找食物的坏毛病。

错误建议，否则你心爱的猫咪有可能会得低血糖症。当然如果给猫咪过多的食物，也有可能让猫咪出现呕吐、腹泻等症状，但是对于幼猫来讲，定量多餐还是非常重要的。

🐾 猫粮的变化

每种猫粮所含的营养成分各有不同，如果是以肉类为主的猫粮，其蛋白质的含量就高，谷物的含量就低。所以如果突然更换猫咪的猫粮，可能会让猫咪出现消化系统障碍。所以如果要更换猫粮的话，至少要用1周时间一点一点地给猫咪更换猫粮。如果你的猫咪是从别人那里认养来的，那首先要将猫咪原来吃着的猫粮带一点过来或者买同样的猫粮，再慢慢改变猫咪的猫粮。

猫粮的更替比率

在给猫咪更替猫粮的过程中，如果出现排出的便异常，便的味道很重或者食量减退等问题，可以增加一点原来猫粮的比重给猫咪喂食。如果慢慢更替8天后没有发现问题，以后就可以100%给猫咪喂食新的猫粮了。

🐾 猫粮的种类

○ 猫粮更替比率表

第1~2天　80% 原来的猫粮和 20% 新猫粮

第3~4天　60% 原来的猫粮和 40% 新猫粮

第5~6天　40% 原来的猫粮和 60% 新猫粮

第7~8天　20% 原来的猫粮和 80% 新猫粮

家庭式猫粮

家庭式猫粮是指家里面自己制作的猫粮。这种猫粮中没有防腐剂、添加剂等，且是用新鲜材料制成的。但是因为猫咪还要摄取动物骨和内脏的营养，很难完全满足猫咪所需的营养配比。制作成本也会比较高且保存时间不长。而且经常吃家庭式猫粮的猫咪对人类的食物也很感兴趣。

卖场猫粮

卖场猫粮有很多等级和种类。像添加了防腐剂、人工色素和肉类副产品的低端猫粮可能会严重影响猫咪的健康，所以作为猫咪的保护人，我们要瞪大眼睛认真筛选卖场猫粮。好的卖场猫粮可以很好地平衡猫咪的营养结构。

干式猫粮和湿式猫粮

听装或者袋装的湿式猫粮里面会含有 80% 左右的水分，有助于不太习惯常喝水的猫咪及时补充水分。但是无法适应一日多餐的猫咪的饮食特性（容易变质），且价格较高。相反干式猫粮虽然无法为猫咪补充水分，但是价格相对实惠一点，且保存起来也方便一些。

综合式猫粮和补充式猫粮

综合式猫粮结合了所有猫咪需要的营养，可兼顾营养素的均衡，指的就是一般的猫粮和主食罐头类猫粮。主食罐头型猫粮一般是在猫咪没有胃口，需要刺激猫咪嗅觉的时候，或者给不爱喝水的猫咪补充水分的时候当作猫粮喂食给猫咪的。补充式是为了给猫咪提供更好的营养，在原有的猫粮基础上补充上去的猫粮，一般指猫咪零食或者罐头类猫粮。

水

猫咪有喝洁净水的习惯。猫咪不会喝脏的或者有味道的水，要给猫咪经常换换水，有的猫咪还有只喝流水的习惯，像喷泉式猫咪补水台就是根据猫咪的这种习惯开发出来的噢。

05 幼猫的排便管理

😺 给猫咪准备排便场所（猫咪厕所）

因为幼猫会从母猫那里学会自己找特定的地方排便，所以猫主们倒是不需要额外训练猫咪的排便习惯。幼猫出生 2 个月内，母猫都会舔着幼猫的肛门周围，引导幼猫排便，并且帮忙清理。然后幼猫看着母猫在猫砂上排便之后盖上便的行为，就会自然而然地养成正确的排便习惯。猫咪的厕所一般要设置在离猫咪睡觉处不远的地方。万一猫咪拒绝如厕的话，那可以试试给猫咪调整一下厕所的位置、高度和猫砂的种类。

😺 训练猫咪的排便

幼猫在准备排便的时候会到处闻来闻去。此时如果把猫咪放到猫砂上面去，猫咪就会顺利地进行排便了。等猫咪排完便之后，可以握着猫咪的前爪帮着在猫砂上挖个坑。这个过程反复几次，猫咪就能学会正常排便的方法了。但是你不能期待猫咪在被你领回来的第一天开始就吃好，排好。给猫咪准备洁净的水、猫粮和猫咪厕所之后耐心等待的话，猫咪会在某一时刻开始喝水吃东西了。但是如果幼猫光吃喝，不去猫咪厕所的话，就可以使用母猫按摩幼猫肛门的方法。

😺 排便引导方法

最好的方法是戴上医疗用乳胶手套，在猫咪的肛门周围涂上超声波凝胶给猫咪按摩，但是一般情况下这些东西也比较难弄到。这时可以在超市买副厨房用的乳胶手套，在猫咪的肛门附近涂上豆油或者凡士林给猫咪进行按摩。如果是幼猫要一天按摩多次，如果猫咪开始正常地排便，就不必再为猫咪进行肛门按摩了。

※ 让猫咪以舒适的姿势躺着，手指蘸几滴食用油或凡士林轻轻按摩猫咪。

06 幼猫的卫生管理

🐾 给猫咪洗澡

　　猫咪是不太喜欢水的动物。但是如果从幼猫时期开始，持续给猫咪洗澡，它也会喜欢上半身浴的。在宠物医院工作的话，经常会碰到猫主因为无法给猫咪洗澡来找猫咪美容师的事情。有些人是因为在给猫咪洗完澡吹风的时候，猫咪不听话带过来的。像吹风机的声音如果猫咪从小时候开始习惯的话也会适应的。给猫咪洗澡的次数一般一个月一次就好。

给猫咪洗澡的方法

1. 在盆子里倒入 36℃~37℃的水，将猫咪一点一点地放进水里；
2. 如果猫咪没有抗拒反应，可以在猫咪的身上慢慢倒上水；
3. 使用猫咪专用沐浴露，弄出泡沫给猫咪按摩；
4. 用水给猫咪多次冲一下身；
5. 最后给猫咪的头部稍微抹点沐浴露，轻轻地冲洗。用一只手挡住猫咪的两只耳朵，用水冲洗。在给猫咪的头部进行冲洗的时候，很多时候猫咪都会害怕或者抗拒。所以头部一般都是最后稍微冲洗一下就可以了。
6. 用干毛巾将猫咪身上的水擦干净之后，用吹风机将猫咪身上的水分吹干。短毛猫的毛发一般吹起来不太容易干，但也不能吹不干就让猫咪活动，如果毛发不干容易得感冒或皮疹。
7. 吹干毛发时可以用梳子边梳边吹干。
8. 如果能用到市面上卖的猫咪吹风架，可以将双手解放出来，做起来更方便。

🐾 清洁猫耳

　　给猫咪洗完澡后，一定要确认猫咪耳朵的状态。有很多人喜欢用棉棒清理猫咪的耳朵，这种做法万万不可。因为棉棒会刺激猫咪的耳朵。给猫咪清理耳朵里的水分时，可以使用家里的化妆棉蘸一点耳朵清洁剂再擦到手指可以触碰的地方，然后用吹风机的冷风将耳朵吹干净。猫咪的耳朵相比狗狗的耳朵通风更好，结构简单，所以相比狗狗，耳朵的疾患会少一些。过多的耳朵清洁动作反而会刺激猫咪敏感的耳朵皮肤。如果发现猫咪有螨虫感染或者发炎性外耳炎，又或者发现黑色、褐色的耳屎增多的现象，要及时进行医治。

❶ 确认猫咪的耳朵状态　　❷ 蘸一点耳朵清洁剂到化妆棉上　　❸ 在手指可触及范围内轻轻擦拭

🐾 给猫咪剪指甲

　　为了保护家里的家具和避免家庭成员被抓伤，要给猫咪剪一剪指甲。虽然很多猫咪会对剪掉自己的武器——指甲有抗拒心态，但是多剪几次之后猫咪也会习惯的。

给猫咪剪指甲的方法
❶ 等猫咪心情好的时候，将猫咪抱到安静的地方，把猫咪夹在大腿间。只要夹得不是太紧，猫咪不会抗拒的。
❷ 用一只手慢慢地按下猫爪底部柔软的部分，猫爪就会露出来。
❸ 指甲有粉红色的血管和白色的指甲部分，一定要只剪白色的指甲部分，不能剪血管部分，防止出血状况发生。
❹ 如果剪得太短，出现流血，就要用面巾纸或者纱布进行止血。相比其他的部位，指甲部分的出血可能出血量大，止血速度也慢一点，所以一些猫主会因为一时慌张跑到宠物医院后才发现血已经止住，对此不需要太过惊慌。只要花点时间及耐心就可以止血。

❶ 确认猫爪里的指甲

❷ 只剪白色部分的指甲

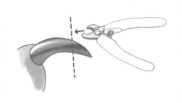

❸ 剪掉尖部的部分，保证不会剪到血管部分，避免引起血管出血。

🐾 猫咪的毛发管理

梳理毛发

猫咪大部分时间都在整理毛发，一般出生15天后就开始自己利用糙糙的舌头和前爪梳理自己的毛发。猫咪的自我梳理毛发的过程是调节体温和提高皮肤免疫力的一种手段。猫咪一般是在心情不错或者感觉舒服的时候梳理自己的毛发，所以如果你的猫咪没有自我梳理毛发的行为，你就要怀疑猫咪是否得病了或者受到某种压力等情况。如果猫咪梳理毛发的次数比平常多了很多，那也是因为猫咪心里感到紧张或者感到非常无聊，也可能是因为过敏性皮肤疾病导致的挠痒痒。猫咪会用舌头舔过的前爪梳理脸部、背部以及生殖器周围，所以即使不给猫咪洗澡，猫咪身上也极少有异味。

毛发球

因为经常梳理毛发的原因，猫咪会吃掉很多自己的毛发，这些毛发堆积到肠内就会形成毛发球。猫咪有时会将毛发球吐出来，这是猫咪正常的生理现象，不能与疾患时的呕吐相混淆。但是如果毛发的量太多，形成的毛发球变硬就会导致猫咪严重的呕吐和胃肠疾病，此时我们需要使用必要的营养剂和饲料引导猫咪将毛发球吐出来。猫主们经常给猫咪梳理毛发可以有效地减少猫咪的毛发球。

给猫咪梳理毛发

给猫咪梳理毛发的目的在于将猫咪身上脱落的毛发清除掉，还有就是防止毛发打结，防止毛发掉落得房间到处都是。此外通过给猫咪梳理毛发可以与猫咪进行感情交流增进互信。如果你梳理毛发的动作很熟练，猫咪也习惯了被你梳理毛发，猫咪就会享受在你腿上趴着让你帮它整理毛发的时间。当然选择合适的毛发梳和毛发梳理方法就很重要。春季和夏季一般是猫咪换毛发的时期，所以这些时期更要勤快地给猫咪梳理毛发。像猫咪的舌头够不着的耳朵和脖子部位是毛发容易打结的部位，这些部位更要细心地给猫咪梳理。最后使用较粗的毛发梳按毛发相反的方向进行梳理会让猫咪的毛发更具立体感，也显得更健康。

根据毛发的不同选择不同的梳理方法

❶ **短毛猫的毛发梳理**　使用天然材料的毛发梳按猫咪的毛发方向进行梳理，注意不要伤害到猫咪的皮肤，再用按摩手套按毛发的相反方向进行按摩，有助于除去附在身上的已掉落的毛发。短毛猫一般每周梳理一次就可以了。

❷ **长毛猫的毛发梳理**　需要每天抽出 30 分钟时间给猫咪进行毛发梳理，才可以预防毛发打结，也可以及时地将附在身上的已掉落的毛发清除干净。长毛猫的毛发梳理需要使用梳毛间距较宽的毛发梳。要时不时地按毛发的相反方向梳理才能将掉落的毛发清除干净，将打结的毛发梳理干净。对打结的毛发不要硬梳硬拉，要使用粗一点的毛发梳慢慢梳开才行。

≫长毛猫的毛发梳理方法　　　　　　　≫短毛猫的毛发梳理方法

幼猫的健康管理

🐾 选择宠物医院

作为猫咪的保护人，猫主们需要给幼猫选择好猫咪的宠物医院。首先需要找一个能给猫咪进行健康检查和咨询，给猫咪接种疫苗，进行绝育手术的平时宠物医院。其次要给猫咪找好夜间或者应急时需要跑过去的有 24 小时门诊的应急宠物医院，其具体位置和联系电话都要记好。平时可以选择离家近的、服务水平高的和安静的宠物医院，这样对猫咪的情绪稳定也有好处。认养完猫咪就可以在回家的路上给猫咪进行简单的健康检查和咨询，并做好健康管理图表。可以经常性地带着猫咪光顾该宠物医院，以缓解猫咪对医院的抗拒心理。24 小时应急宠物医院最好也要选择交通便利的地方，带着猫咪赶到应急宠物医院前，最好事先给医院打个电话再赶过去。

🐾 让猫咪习惯宠物医院的环境

现在的宠物医院并不是猫咪有病才去的地方了。从猫咪的疫苗接种、健康咨询、手术和相关物品购买，甚至到宠物的认养都是现在的宠物医院的工作内容，就像是一站式流水服务站一样，几乎与宠物相关的所有事情都可以在宠物医院解决。猫咪出生后的第一年定期地访问宠物医院有助于消除猫咪对医院的恐惧心理。

带着猫咪去医院时的窍门

① 带猫咪到医院前 20 分钟先利用猫薄荷、费洛蒙等催情剂让猫咪安定下来；

② 在移动猫咪屋里放好软垫；

③ 到了医院之后，先不要急着让猫咪出来，放置 10 分钟左右后再让猫咪出来；

④ 猫咪喜欢女子的高声，所以可以尝试说话时提高音量，让猫咪安定下来；

⑤ 如果是敏感的猫咪，需要猫主在诊疗过程中全程陪护才能让猫咪安定下来；

⑥ 如果尝试稳定猫咪情绪的努力失败了，就要使用镇静剂。但是镇静剂不能用在所有环节，例如找血管、采血等，所以猫主们还是需要在平时努力培养猫咪的社会交流性和慢慢熟悉宠物医院的生活习惯。

🐾 给猫咪喂药

喂汤剂

给猫咪喂食粉状药物或者汤剂药物并不是简单的事。大部分的情况是猫咪含住药品后不下咽，也会从口中不断吐出泡沫，且不想再试第二次了。所以与其强迫猫咪吃药，不如掌握猫咪的嗜好，调整一下策略。猫咪一般对滑顺的液体相对没有抗拒感，因此可以将药混在滑顺液体中喂食，猫咪比较有机会服用。

将手指伸进猫咪的口腔内，将嘴巴撑开，给猫咪喂食汤剂药物。

喂药

宠物医院一般会给猫咪提供药丸。有些猫主因为不知道怎么喂食而不知所措，其实给猫咪喂食药丸要相对简单一点。利用不太锋利的猫咪前牙部分打开猫咪的口腔，将药丸放入猫咪的食道里，尽量放到食道的2/3左右的深度。然后合上猫咪的嘴巴堵住猫咪的鼻子2~3秒钟，憋得难受的猫咪会将药丸吞下去。这需要猫主们灵巧而快捷的动作。

❶ 使用双手将猫咪的头部牢牢抓住。

❷ 用手指一上一下扳开猫咪的嘴，注意手指要伸到猫咪的虎牙之间的位置以防被划伤。

❸ 把药丸放进喉咙深部，大概2/3深度。如果药丸没有放好位置，猫咪就不会吞下，所以放置位置很重要。

❹ 将猫咪的嘴巴合起来，使用手指遮住猫鼻子2~3秒抑止猫咪呼吸，猫咪就会吞下药丸。

🐾 预防寄生虫

内部寄生虫

幼猫的免疫力相对较弱，也容易被寄生虫感染。所以要在猫咪出生 2 周和 6 周的时候，给猫咪喂食寄生虫药。之后要每月给猫咪定期驱虫。长期寄生的虫有线虫、条虫、鞭毛虫等。

线虫：线虫是寄生在幼猫小肠内的寄生虫，严重时会引起猫咪的肠道闭塞症。感染后会出现体重增加，肚子鼓起，腹泻，且会在排出的便和肛门周围发现虫卵。

条虫：猫咪身上如果有跳蚤的话，就很有可能被条虫感染了。条虫是寄生在肠道内壁的寄生虫，会引起猫咪腹部膨胀、腹泻和皮肤损伤。如果被条虫感染，会在猫咪的便里发现米粒状的圆又扁的白色颗粒，有时也会在尾巴或屁股位置的毛发上发现。条虫一般会存在于鼠类等啮齿类动物身体里，如果猫咪喜欢猎捕鼠类，被条虫感染的风险会更大。

鞭毛虫：寄生在小肠黏膜上，会引起消化不良和腹泻，体重减轻。

双孢子球虫：是寄生在消化系统内的寄生虫。

外部寄生虫

猫咪身上常见的寄生虫是跳蚤、虱子、蜱虫和耳疥虫。

跳蚤：如果猫咪相比平时更频繁地抓挠身体，要帮猫咪找找毛发之间是不是有深褐色的跳蚤。被跳蚤感染的猫咪会有经常性的抓挠动作，也有过于频繁的毛发梳理行为，会吐出很多的毛发球，甚至会出现被跳蚤咬伤导致的过敏性皮肤炎症。跳蚤一般出现在春天和夏天，也会发生在冬天生活在温暖室内的猫咪身上。如果在猫咪身上发现了一两只跳蚤，就说明在地板、沙发和家具上会留有数千只跳蚤的幼虫。猫跳蚤虽然不会在人类身上寄生，但是会咬我们的皮肤。所以如果猫咪身上有跳蚤，同居的猫主们也会感觉浑身痒痒。如果在猫咪身上发现跳蚤的话，除了要用药浴帮猫咪洗澡除蚤外，还要清洁家中环境。

虱子：虱子一般寄生在耳朵或者腿毛周围，被感染的猫咪会出现脱皮症状。去除虱子需要使用竹篦梳干净猫咪的毛发或者使用杀虫剂、药用沐浴露给猫咪进行沐浴。

蜱虫：蜱虫一般在喜欢往外面跑的成年猫身上发现的多。猫咪的脖子、耳朵周边被蜱虫感染过的地方会出现炎症。如果发现猫咪身上的蜱虫，不能直接拿掉蜱虫。因为蜱虫已将吸嘴深入猫咪的皮肤内，如果硬拿掉会让猫咪产生疼痛，也容易使蜱虫的吸嘴留在猫咪的皮肤内引起皮肤炎症。最好是用杀虫剂进行去除。

耳疥虫：如果猫咪的耳朵被耳疥虫感染，我们肉眼就可以观察到猫咪的耳朵眼里出现黑色的硬硬的分泌物。因为会痒得比较难受，猫咪会经常摇头晃脑或者用后爪抓挠耳朵。严重的时候，猫咪的耳朵会红肿，出现发炎性浮肿，如果此时你拿棉棒等进行擦拭可能会加重猫咪的炎症，需要将猫咪送到宠物医院进行诊疗。

寄生虫药的选择

猫咪的寄生虫药有很多种。一般分为可以同时治疗内、外部寄生虫问题的综合寄生虫药和分别针对内部和外部寄生虫的区别寄生虫药。综合寄生虫药有心疥爽 (Advocate)、辉瑞宠爱 (Revolution) 等药物，区别寄生虫药包括猫心宝 (Heartgard)、福莱恩 (Frontline) 等。这些药物都是在宠物医院常见的也是在国际上得到安全认证的药物。

≫ 给猫咪擦涂预防心脏丝状虫的药品

心疥爽和辉瑞宠爱：这两种药最好是在宠物医院医师的指导下给猫咪喂食。在宠物医院可以边给猫咪驱虫，边确认猫咪的体重，还可以检查身体，这也是让猫咪适应医院的好机会。但是如果你的猫咪是死活不愿出门的宅猫，那就得由你买来驱虫药给猫咪驱虫了。根据适用的体重，药物的价格会有几千韩元的差异，药物之间也会有成分和驱虫范围等方面的区别，但都是效果不错和安全性被认证的产品。

拨开猫咪颈部后面和背部相接地方的毛发，将产品注入皮肤内。使用后很快会吸收，大概 2 小时后就可以给猫咪洗澡或者带着猫咪出去散步了。给猫咪上药时，注意不要溅到手上，如果溅到手上可以用肥皂水清洗干净。如果周围还有其他猫咪或者狗狗，需要防止它们过来舔涂上的药物，且需要将它们隔离 2 小时以上。涂上的药物会通过猫咪的皮肤进入血液循环中，再通过血液进入消化系统。药物成分会在皮脂腺上高浓度地存在 1 个月以上以预防心脏丝状虫和消除消化系统的寄生虫。猫咪出生后 7 周就可以导药，一般都会在第 9 周进行接种时第一次使用综合驱虫剂。在那之前可以在 2 个月和 6 个月大时，给猫咪喂食驱虫药。

猫心宝和福莱恩：针对心脏丝状虫和内部寄生虫的驱虫药猫心宝和对付外部寄生虫的福莱恩，虽然驱虫过程相当烦琐以及昂贵，但是作为针对内部或外部寄生虫的区别性驱虫药它们有驱虫范围广、疗效快等特点。如果猫主对寄生虫非常敏感，家里有小孩或者你的猫咪有经常外出的习惯时，推荐用此类驱虫药物。一个月给猫咪驱一次虫就可以了。猫心宝驱虫药有牛肉的味道，所以猫咪也会喜欢。猫心宝的安全使用范围也广，对怀孕的猫咪和出生 6 周以上的猫咪都适用。福莱恩的使用方法是涂在与综合类驱虫药同样的地方（猫咪颈部和背部相接的部位），其药效可以快速地发挥出来，除去跳蚤和蜱虫等外部寄生虫。因为是阻断跳蚤的繁衍周期，所以即使不在房间里面，向外喷洒杀虫剂也可达到驱虫及改善环境的效果。

耳螨 (Ear Mite)

寄生在猫咪耳朵里的疥虫，呈黑色，油性和硬硬的分泌物状，被感染后猫咪会觉得非常痒。

跳蚤卵
(Flea Eggs)

跳蚤幼虫
(Flea Lava)

跳蚤
(Adult Flea)

深褐色的跳蚤体态小，寄生在皮肤周围。

条虫 (Tape Worm)

寄生在肠道内壁，猫咪被感染时，出现腹部膨胀，腹泻等症状，排出的便里面可以看到白色的颗粒状物质。

心脏丝状虫蚊子
(Heart worm)

吸了被感染的狗狗的血后，蚊子血液中已经有了微型丝状虫的幼虫，蚊子再去叮猫咪的话，猫咪就会被感染，在吸血的过程中蚊子体内的微型心脏丝状虫流入猫咪体内。

寄生在猫咪身体上的寄生虫

蛔虫 (Round Worm)

寄生在幼猫的小肠内，会积聚成球状引起肠道闭塞症，被感染的猫咪会在排出的便和肛门周围发现虫卵。

钩虫 (Hook Worm)

主要寄生在十二指肠，空肠内，嘴角部有牙齿状吸盘，会寄生在宿主的肠黏膜内吸食血液，属线虫的一类。

给猫咪接种疫苗

🐾 为什么要预防接种

猫咪被细菌感染时可用抗生素治疗，被霉菌感染时可用抗真菌剂治疗。但是被病毒感染时现在还没有有效的治疗药物。最好的治疗方法抗血清疗法也仅是通过干扰素，协助猫咪通过自身的抵抗力抵御病毒侵袭而已，不能算作是真正的治疗药物。考虑到目前没有特定治疗药品，高昂的治疗费用，费时费力的麻烦等，预防病毒感染无疑是最好的治疗方法。

🐾 什么叫预防接种

当病毒、细菌等抗原侵入生物机体，生物的免疫体系内的对抗原有受容体的 B 淋巴球就会开始活动。B 淋巴球会与抗原结合激活后开始细胞繁殖产生浆细胞。B 淋巴球以记忆细胞留在淋巴区内，当碰到记忆中的抗原就会直接变成浆细胞分泌抗体。预防接种就是利用记忆细胞的特点，将抗原经由化学作用转变成活疫苗 (Live Vaccine, 降低毒性的疫苗) 或死疫苗（Killed Vaccine, 去除毒素的疫苗），其生物体接种疫苗后，不会诱发疾病只会产生抗体。有些疾病，感染过一次后生物体会产生终生免疫力，但大部分都会跟着免疫系统的记忆消失，体内的抗体也会消失，所以为保证体内有一定程度的抗体需要进行持续接种。

🐾 接种时期

刚出生的幼猫因为从母乳中吸收了母猫体内的抗体，自然而然会带有免疫力。但是到 6~8 周，吸收的抗体就会消失，所以此时需要给猫咪接种疫苗。

一般我们会在猫咪 8~9 周时，给猫咪接种疫苗。过早的接种会因为猫咪体内抗体的作用失去疫苗的效果。如果幼猫因为疾病、寄生虫或者营养不良太过瘦弱，或者刚刚被认养还处在紧张状态时，最好是等待猫咪的状态好转再进行疫苗接种。因为身体瘦弱表明猫咪的免疫力也可能低下，此时如果接种疫苗，疫苗反而会成为一种毒素。可以通过观察猫咪是否有腹泻、行动迟缓、呕吐和食量减少来判断猫咪的健康状况。如果这四种情况都没有，就可以带着猫咪去医院接种疫苗了。

🐾 疫苗的种类

疫苗可以让猫咪远离致命疾病的侵袭。出生后 8~9 周的时候开始接种第一次疫苗，后以 3~4 周的间隔总共接种 3 次疫苗。预防接种的种类有三合一、四合一和五合一综合疫苗，宠物医院常用的疫苗是三合一或四合一。三合一疫苗可预防猫咪的泛白血球减少症（Feline Panleukopenia）、病毒性鼻气管炎（Feline Viral Rhinotracheitis）、萼状病毒感染（Feline Calicivirus Infection）。四合一疫苗可预防疱疹病毒 –1 感染（Feline Herpesvirus-1）、萼状病毒感染（Feline Calicivirus）、细小病毒感染（Feline Parvovirus）、鹦鹉病披衣菌感染（Chlamycia Psittaci）。五合一疫苗是在四合一疫苗的基础上又包含猫咪白血病（Feline Leukemia）的预防。

🐾 通过疫苗可预防的疾病

猫咪泛白血球减少症（Feline Panleukopenia）

被称为细小病毒传染病的泛白血球减少症，是因为接触已感染的猫咪所排泄的尿液以及粪便上的病毒而感染的。感染后猫咪会出现呕吐、腹泻、食欲减退、发热、抑郁等症状，检查血液会出现白血球减少。很多幼猫都会腹泻时便里带血，这是致命的严重疾病，需要猫主熟知相关的知识。还好猫咪的泛白血球减少症算是诊断和预防相对容易的疾病。除了潜伏期外，其检测准确度很高而且可以通过疫苗来预防。但是因为没有针对性的治疗药品，所以预防是最佳的治疗方法。

猫咪 KIT 检查
为了快速诊断猫咪的疾病而做的测试课程。

猫咪的病毒性鼻气管炎 (Feline Viral Rhinotracheitis)

该疾病是通过疱疹病毒感染的传染病，病毒会在结膜和鼻腔内黏膜中繁殖造成炎症。猫咪会出现流鼻涕，眼屎增多的病症。初期猫咪会流下清澈的眼泪和鼻涕，随后会渐渐转变为化脓性的分泌物。严重的时候会引起结膜炎、角膜炎等。成年猫一般不会得此病，即使得病也会在1周左右自然痊愈。这种疾病一般会发生在没有接种疫苗或免疫力低下的幼猫身上，幼猫一旦感染就很危险，所以一定要提高警惕保证早期治疗。

≫ 猫咪的病毒性鼻气管炎的症状为眼睛红肿以及流鼻涕

萼状病毒感染症 (Calici Virus)

也称作猫咪流感，病原体会通过猫咪口进入体内侵入口腔、鼻腔和眼睛。其症状主要是在口和舌底出现水疱，眼屎增多，在口周围或口腔内出现溃疡性舌炎，还会有咳嗽、发热、食欲不振等症状。病毒会通过发病猫咪的唾液、眼泪、鼻涕等分泌物直接传染，也会通过间接的个体传染。有很多时候会与疱疹病毒重复感染，成年猫即使发病，大部分也会自行痊愈，但对幼猫非常危险，需要早期治疗。身体健壮的猫咪只会出现轻微的呼吸道症状且会自行痊愈，但也有根据感染程度不同和免疫力不同病情持续2年以上的情况。

沙眼 (Chlamydia)

症状与病毒性上呼吸道感染和结膜炎等症状很相似，比较难以区分。主要发生在出生5周~3个月的猫咪身上。会出现一只眼睛结膜炎或者黄色眼屎、结膜浮肿等症状。治愈后容易复发，所以需要持续2~3周给猫咪滴用眼药。此类感染的预防疫苗持续的效果不长，预防效果也不尽相同且疫苗的副作用可能性也较高。

猫咪白血病 (Feline Leukemia)

由肠道内逆转录酶病毒 (Retrovirus) 引起的该疾病首先会在肠道、淋巴系统、骨髓等易繁殖的部位感染扩散。通过破坏肠道上皮黏膜引起腹泻甚至恶性肿瘤。令人遗憾的是即使接种了疫苗也不能 100% 预防，也有接种过疫苗的猫咪感染的情况。所以即使给猫咪接种了疫苗，也要预防猫咪接触危险源。接种疫苗一定要在抗体检查结果为阴时实施接种。

狂犬病的预防接种

目前还没有有效治疗方法的狂犬病病毒会攻击猫咪的脑部和神经系统，从而引起最致命的狂犬病。被感染此种疾病的动物咬到，病毒会经由唾液传染，因此狂犬病也会通过猫咪传染给人类，所以一定要在猫咪 13 周以上的时候，给猫咪接种狂犬病疫苗。虽然韩国国内已很久未出现狂犬病病例，但考虑到野生动物可能携带的病毒，即使只有 0.00001% 的传染可能性，也必须要预防。所以如果是经常外出的猫咪，一定要每年给猫咪接种狂犬病疫苗，即使不外出的猫咪至少三年也要接种一次狂犬病疫苗。

Minky's 皮肤病战胜记

因为感觉我的 Minky 很干净，我没有额外给 Minky 接种霉菌疫苗。有一次给 Minky 做美容没几天，我边抚摸着 Minky 边准备睡觉的时候，却发现 Minky 身上有一大把掉落的毛发。打开电灯仔细检查 Minky，发现 Minky 已经患有脱毛性霉菌皮肤病。霉菌在短时间内如此快的传播速度让我目瞪口呆。原来猫主们说过的"昨天还好好的猫咪，突然就掉好多毛"真是这样。

当时刚好赶上韩国国内进口皮肤病治疗药品的进口商倒闭，找了半天治疗药也没有找到，最后还是托在宠物医院当医师的前辈调了仅有的库存才给 Minky 打了一针。通过给 Minky 一天喂食 2 次药，进行消毒、打针等治疗，我切身感受到了作为猫咪主人的辛苦。作为兽医师，我也按照我给猫主们叮嘱的步骤一步一步给猫咪进行了治疗，大概过了 2 周，Minky 已经痊愈了。我又给 Minky 吃了 1 周左右的药后结束了治疗。

经过这次经历，我的经验是做美容的猫咪一定要接种霉菌疫苗且霉菌疫苗的效果非常好，还有就是猫咪得了皮肤病时作为保护人的猫主们一定要够勤快。之前我也是作为宠物医生只是给猫主们说了说怎么治而已，Minky 的皮肤病让我获得了站在饲主立场上重新思考的好机会。

❤ 疫苗参考表

年龄	综合疫苗 （三合一或四合一）	猫咪白血病	猫咪腹膜炎	狂犬病
8~9 周	第 1 次	❤	❤	❤
12 周	第 2 次	第 1 次	❤	❤
15 周	第 3 次	第 2 次	❤	第 1 次
17 周	❤	❤	第 1 次	❤
19 周	❤	❤	第 2 次	❤
接种方法	每隔三周接受一次疫苗接种。接种后根据检测到抗体的程度可以追加接种。	隔三周接受第二次接种。	隔三周接受第二次接种。	❤
其他	接种前不需要额外检查，但需要接种后检查。对于泛白血球减少症，疫苗的接种效果非常好。综合疫苗接种一定要做。	每次接种前都要做检查。因为疫苗的预防效果不完全，所以疫苗接种后也有可能感染。所以不是必须要接种的项目。	是投放到鼻腔内的疫苗，每次接种前需要进行检查。接种后的预防效果不完全，也有通过接种感染的情况，所以要慎重选择。不是必须要接种的项目。	❤

❤ 疫苗的副作用

接种疫苗之后一周内最好不要进行美容、散步、运动、外出和洗澡等活动，也不要给猫咪增加压力。如果接种后 1 小时内猫咪出现眼睛或口周边浮肿，需要马上将猫咪送到医院进行输液或打针处置。接种疫苗后猫咪出现微热、食欲减退、消沉等症状是正常现象，不必恐慌。英国的外科医生詹纳曾经发现挤牛奶的少女们从来不得天花。他认为这些少女们从牛身上传染了牛痘病痊愈后，体内出现了对天花的抵抗能力。因此使用牛痘脓包里的物质制作了天花疫苗。疫苗原理就是将少量病原体注射到体内，通过轻微发病激发体内自动产生抗体的过程。如果之后感染了此类病原体，生物体内就会马上产生出更多的抗体迅速去除病原体。但是正因为疫苗的这种原理，也出现了一些副作用。疫苗的副作用主要分为急性副作用和慢性副作用。

急性副作用

是服用药物或药物注射之后出现的急性过敏性反应，会引起休克、呼吸困难、心跳异常、急性贫血等症状，甚至危及生命。一般会在接种后 1~2 小时内发生，有时会在 24 小时之内发生。也会有眼周边、口周边红肿，瞳孔放大，牙龈发白或身上有红斑等一个或几个症状。所以给猫咪接种疫苗后，带回家的路上要注意观察猫咪的状态，且至少要观察一天左右。

慢性副作用

猫咪在接受疫苗接种或注射后，注射位置有时会出现小的肿块，大部分都会随着时间的推移渐渐退去，不会有大的问题。但是如果肿块过了几周都没有退去，反而变得越来越大就有可能出现了与注射相关的肉瘤了。这种副作用的概率大概在 1/5000，具体的发病原因还不得而知。所以如果你的猫咪注射后出现了肿块，需要跟进观察肿块的变化。如果接种疫苗后 1 个月肿块不但没有退去，反而变大，甚至过了 3 个月肿块还有，直径在 2cm 以上就可以诊断为肉瘤。此时需要在接种疫苗 12 周内做包括周边组织在内的切除手术。切除的肉瘤可以委托医院检查是良性还是恶性。虽然可能性很小，但还是有可能发生肉瘤侵袭到骨头的危险状况，所以早期诊断和切除相当重要。

卢博士 疫苗副作用故事

美国有报告指出，疫苗急性副作用的概率在 1/15000。我作为宠物医生一年有 1~2 次会碰见牙龈发白、瞳孔放大的副作用症状，一年能碰见 5~6 次眼周边和口周边红肿或身体出现红斑的副作用症状。狂犬病疫苗的副作用反应一般是休克，综合疫苗虽然没有狂犬病疫苗那么厉害，但也需要提高警惕。根据报告，这些副作用反应一般会出现在狂犬病疫苗、猫咪白血病疫苗等病毒性死疫苗的注射中，一般都是由于死疫苗中所含的病毒数多于一次接受量而导致的。这些过量的病毒会刺激生物体内的免疫系统，释放出过多的抵抗化学物质，从而影响身体出现副作用。有很多时候通过输氧、输液会出现好转迹象。有过一次副作用经历的话，猫主们可能会对下次接种有顾虑，但是如果是必须接种的疫苗，还是要提前跟宠物医生进行咨询，通过准备应急药物，注射少量疫苗和跟进输液等治疗方式进行疫苗接种。

跛脚并发症（Limping Syndrome）

指接种疫苗后猫咪体温上升，出现跛脚的症状。特别是幼猫在疫苗接种 1~3 周后因为四肢关节和肌肉疼痛出现的副作用。应该找宠物医生确认一下是否是因为疫苗接种造成的病症，但大部分的症状都会自然好转，所以不必太在意。

🐾 需要每年接种疫苗吗

疫苗分为必须进行接种的核心疫苗和因为副作用顾虑只在必要时接种的非核心疫苗。猫咪的三合一综合疫苗属于核心疫苗，其他的疫苗属于非核心疫苗。非核心疫苗可以咨询宠物医师后，在必要的时候进行接种。但是核心疫苗是必须接种的，且要积极进行追加接种。从猫咪疫苗的持续时间来看，综合疫苗是 3 年左右，但像韩国国内泛白血球减少症多发的地区需要每年接种一次为好。经常去医院的猫咪、与多只猫咪一起生长的猫咪、经常出去玩的猫咪、做美容的猫咪和体质虚弱、免疫力低下的猫咪都应该积极追加疫苗接种。当然你也可以通过检查猫咪体内的抗体，判断需不需要给猫咪追加接种疫苗。通过检测如果猫咪体内抗体充足，就无须进行疫苗接种。

卢博士 疫苗接种故事

很多人认为宠物医院是通过给宠物多接种疫苗和绝育手术来赚钱。但其实猫咪没有接种疫苗或者没有进行绝育手术而出现了病症，会花去更多的钱。经常能碰见夜间给猫咪急诊的猫主们并没有给猫咪接种疫苗，问其原因，都会说出疫苗这个不好那个不好的各种理由。如果没做绝育手术的喜欢外出的猫咪开始发情，这对猫咪是相当危险的。相比家猫的寿命在 15 年左右，野猫的寿命却只有 2~5 年就可想而知了。当然疫苗也有副作用，每千只接种的猫咪当中会有 1 只左右出现副作用反应，猫主也不能掉以轻心。但猫主们需要明白疫苗能够预防的疾病要远大于其可能产生的副作用。所以如果你以前对疫苗有着负面的看法，希望你能为猫咪的健康着想，正确认识接种疫苗的重要性和必要性。

第 1 个月   猫咪在 2 周大的时候会睁开眼睛；

1 个月大之前会断奶开始吃饲料；

2 周大的时候吃第一次驱虫药。

第 2 个月   6~7 周大的时候猫咪会完全断奶；

6 周大的时候要给猫咪喂食第二次驱虫药；

7~9 周大的时候可以分养到别的主人那里了；

新的认养者需要做认养猫咪的准备，认养时到宠物医院给猫咪做一下基本的健康检查。

第 3 个月   9 周大的时候做第一次预防接种；

给猫咪喂食包括心脏丝状虫在内的驱虫药；

12 周大的时候给猫第二次接种疫苗；

开始给猫咪洗澡、梳理毛发、剪指甲、进行排便训练和玩具玩耍等基本训练。

第 4 个月   15 周大的时候进行第三次疫苗接种；

实施狂犬病疫苗接种；

完成第三次疫苗接种再过一周后就可以带着猫咪出去散步了；

给猫咪更多的相处时间以提高猫咪的社会交流性；

让猫咪和尽量多的人接触，也可以让猫咪适应访问宠物医院。此阶段是猫咪性格形成中很重要的阶段。

第 5 个月   如果是公猫可开始咨询准备做绝育手术，如果是母猫最好是放到室内不让其外出。

如果是性早熟的公猫，若没有做绝育手术，会有外逃的倾向。

第 6 个月   给公猫做绝育手术；

乳牙掉落，开始长恒齿；

开始刷牙。

第 8 个月   生理上可以交配的时期；

开始给母猫做绝育手术；

体型生长期开始进入尾声。到 12 个月大为止，体型也会有增长，但不明显。

第 12 个月   已成长为成年猫咪；

开始给猫咪喂食成年猫咪用猫粮；

15 个月大的时候给猫咪做追加疫苗接种。

差点毛掉性命的 Minky 美容记

波斯猫因为毛发细腻，如果不每天梳理毛发很容易打结。猫咪在梳理毛发时，舌头很难触及的颈部和背部的毛发会更严重地打结。来宠物急诊室的患猫当中，有些波斯猫就是因为猫主在为猫咪剪掉打结的毛发时误伤了皮肤。我的 Minky 也不例外，因为毛发经常打结，所以经常会给它做一下美容。小的时候还算听话，不使用麻醉美容也可以顺利进行，但随着年龄增加，在没有麻醉的情况下，越来越难给 Minky 做美容了。但是对6个月就能长成大毛球的 Minky 来说，每次给它做麻醉也是一笔不小的费用噢！因为从来没有发生过麻醉事故，所以我的 Minky 都是略过血液检查就直接做麻醉进行了美容。有一次我看美容师不忙就让美容师给 Minky 做了麻醉，然后拜托了医院美容师帮 Minky 做美容。但这次美容还没有做完，Minky 就醒了。还没有给 Minky 弄干毛发和洗澡，但 Minky 已经反抗得不行了。要么停止美容要么追加给 Minky 麻醉的剂量，我却错误地相信 Minky 足够健康就给 Minky 再打了麻醉。

给 Minky 做完美容，洗澡也吹干毛发了，但 Minky 还没醒来。呼吸正常，心跳也正常，但 Minky 就是不醒来。用吹风机吹暖了 Minky 的身体，Minky 还是不醒来。这时我开始惊慌失措，眼泪开始不听使唤地流下，我慌忙地准备给 Minky 输液。作为天天给宠物做麻醉，几乎天天碰见紧急状况的医生，因为患者是 Minky 却让我顿时失去了医生的冷静。即便给前辈医师打电话求救，除了输液和投入牛磺酸外也没有特别的办法。在慌张、恐惧的状态下，我努力给 Minky 保持体温，调整着输液的速度，心里就盼着 Minky 能醒来。幸运的是，到了那天晚上 Minky 开始徐徐地抬起头，到真正醒来的时候已经是快到深夜了。经历

了这次痛苦经历后，我再也没有给 Minky 使用美容麻醉。相应地我平时会更勤快地给 Minky 梳理毛发，也会自己动手给 Minky 做美容，虽然自己做起美容来不很顺手，也会受伤，美容效果自我感觉也比较毛人，呵呵。

波斯猫如果不做美容，毛发会长得很长，弄得房间到处都是毛发，猫咪也会吐出很多毛发球。Minky 也是，如果不给它美容，即使给它吃化毛膏，两天就又吐出毛发球了。

我在宠物医院工作时经常能见到为了美容给宠物麻醉的情形。当然猫咪如果发现陌生人接触自己会变得异常敏感，会竖起爪子，甚至会咬。所以没有麻醉就给猫咪美容基本上是不可能的事情。如果不给猫咪麻醉还想给猫咪做美容，那除非是猫咪的性格温驯或者就要由猫主们尽心尽力了。为了让猫咪习惯美容，需要从小开始培养猫咪剪指甲、梳理毛发、洗澡和美容的生活习惯。为了让猫咪不再对剪刀的声音过分敏感，要让猫咪经常听一听剪刀的声音，让猫咪意识到这种声音对它并没有什么伤害。

一般来说给猫咪每天梳理一次毛发，两周做一次指甲管理，一个月洗一次澡和 3 个月做一次美容是比较恰当的。当然具体次数要因猫而异。美容要在猫咪的毛发长得不太长的时候做才能相对容易一些。母猫的话，在它发情期给它做美容抵抗会小一点。发情期的母猫咪会非常黏人，希望能得到主人更多的抚摸，此时正好可以用剪刀剪剪猫咪的毛发，给猫咪做做美容。还有一种办法是挑猫咪心情好的时候，分 4~5 天一点一点地给猫咪做美容。抓住挣扎的猫咪给它做全身剪发并不是什么好的办法。先准备好要用的剪发刀，今天先剪剪右前腿和右肩部的毛发，明天再剪剪左边的毛发，后天再剪其他的部位……这样一点一点给猫咪剪毛发也是猫主们经常用到的手段。

宠物医生，求求你给我的猫咪安乐死吧

出租车司机不能拒载，医生不能拒诊。但有一个情况我是真的不想接，那就是宠物安乐死要求。不能说是拒绝，碰到这种情况我都会先说服主人三次，我希望能说服猫咪主人回心转意。我的原则是努力说服，如果猫主还过来的话，我再答应他们的要求。

宠物医生是受到法律允许，可以杀死动物的人

宠物医生是可以合法安乐死宠物并从中获得附加利益的群体。韩国首尔、京畿道地区的宠物安乐死费用在 10 万 ~15 万韩元。当然价格不尽相同。

寻求自杀的人类，5 位中有 1 位是因为疾病，对于不会自杀的动物来说，给它们实施安乐死可能对它们也是一种最后的疗法。所以作为宠物医生不能一味地拒绝给动物安乐死，但一定要有自己正确的原则：那就是当生不如死的时候，可以给动物安乐死。但是很多主人判断做安乐死的出发点可能就不一样。我不是说所有要求给宠物安乐死的主人都有这样的想法，但有些主人却是在宠物治愈可能性低于 50% 时就放弃治疗要求给其宠物安乐死。碰到这种主人时，作为宠物医生的我们真的很为难。可能根据你的一句话，治疗费用就大不一样。当然我能理解主人怕钱物两空的结果，但是作为医师除了腹膜炎、细小病毒、麻疹等传染病之外也是治疗到最后才知道能不能治愈的。毕竟宠物医生不是神仙，怎么能准确判断出治愈率是多少呢。偏偏就有些主人只要听到治愈率低于 50% 就想放弃治疗。

作为宠物医生如果说存活率在 50% 以上，但没能让宠物存活的话，主人就会说兽医师无能，如果说存活率在 50% 以下，有的主人就干脆放弃对宠物的治疗。这对宠物医生来讲应该是最大的困境。

　　宠物安乐死的理由有很多。韩国各区和市的动物保护站有遗弃犬经过公布认养信息10天后，如果没有主人或者领养人认领的话，遗弃犬就会被安乐死。

　　当宠物得了糖尿病后，需要主人给宠物持续注射胰岛素可以救活宠物时，很多主人也会选择给宠物安乐死。甚至有些人是因为自身条件无法再养育宠物了，想送人又送不出去，所以就想给宠物安乐死。即使说服他们，给他们介绍不安乐死的保护站，他们也最终选择让宠物安乐死。在宠物医院工作后，发现很多主人就当宠物是自己所有的一个物品而已。这点让我很心痛，却也没有什么办法补救。

　　有一次是一只10岁的得子宫积脓症的狗，其主人一对老夫妇说这种病症很难治愈想给狗安乐死。那只狗看起来就像5岁左右，何况子宫积脓症又是可以通过手术治疗完全根治的疾病，我感觉可惜，就跟老夫妇商量只收安乐死的费用，但可以给他们的狗做手术完全让狗康复，老夫妇还是不想给狗狗动手术，希望给它安乐死。看到老夫妇意志不动摇，我假装答应了老夫妇的安乐死要求（因为我怕我拒绝，他们会去找另外一家医院给他们的狗安乐死），留下了那只狗。最终我没能给那只狗进行安乐死。之后那只狗经过手术治疗痊愈了，而且经过美容和康复，以其本身就可爱的脸蛋和爱撒娇的性格赢得了医院上上下下所有人的关爱。最终被一户好人家收养，那时候的感觉真是难以用语言来表达。

　　如果成为夜间的急诊室宠物医生，经常会碰到动物在急救中死亡，或在做心肺复苏后死亡等。因为太习以为常所以甚至可以在堆满动物尸体的房间内边吃零食边工作。但我始终不能忘记我的一针注射导致了一个生命的呼吸停止。我想我以后还是要继续成为一个不做安乐死的医生。

01 猫咪年龄的计算方法

🐾 猫咪和人类的年龄比较

猫咪的年龄计算可能根据品种等情况稍有不同。但一般都认为体型增长和性成熟的猫咪的一岁相当于人类的 20 岁，之后就以猫咪的一年相当于人类的四年而计。如果再细分就是幼稚期、恒牙的生长期、第二性征时期等。

以我的 7 岁 Minky 为例，一岁为人类的 20 岁，两岁到七岁以每年人类的四岁计算，Minky 相当于人类年龄的 44 岁了。

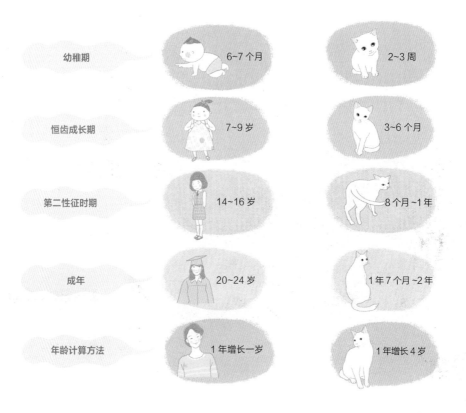

幼稚期	6~7 个月	2~3 周
恒齿成长期	7~9 岁	3~6 个月
第二性征时期	14~16 岁	8 个月~1 年
成年	20~24 岁	1 年 7 个月~2 年
年龄计算方法	1 年增长一岁	1 年增长 4 岁

02 猫咪的语言

🐾 猫咪的表达

很多人选择有义气且忠实的狗当作宠物伴侣。那选择猫咪作为宠物的人又是为什么呢？可能会有很多原因，但猫咪的明确而又丰富的表达方式应该是其中一个原因。猫咪可以通过眼睛、耳朵、尾巴、气味和声音利用全身上下表达它的意思。我们来了解一下猫咪的语言。

🐾 猫咪的眼神语言

瞳孔的大小

眼睛是人类表达感情最重要的一个器官，猫咪眼睛也是表达感情最重要的器官。电影《史瑞克》里穿着靴子的猫咪瞪着大大的眼睛就是博取同情心的表现，但其实这种表情在实际的猫咪身上却是恐惧时候

※ 害怕时的猫眼

※ 威胁时的猫眼

的表情。相反如果猫咪的瞳孔缩小，就是猫咪表现出威胁和攻击状态的表现。在平常时，猫咪的瞳孔是根据外部光线的亮暗来变化的。光线暗，猫咪的瞳孔就会变大，光线亮，瞳孔就会缩小。

卢博士 动物寿命小故事

一般来说动物的寿命与体型大小相关。即体型大的动物寿命会长，体型小的动物寿命短。在哺乳类动物中体型最大的白色大须鲸的寿命是 110 年，大象是 60 年，麻雀是 2~3 年，蜉蝣生物是 1 天。可见体型比大象小得多的人类用自己的文明和医学的力量延长了多么长的寿命啊。猫咪的寿命是 15 年左右。其中生活在传染病和寒冷、饥饿等恶劣环境中的野猫的寿命是 5 年以下，在安全的衣食无忧的环境下生活的家猫的寿命甚至会到 18 岁。

眼神

猫咪如果一直盯着某一物体看就是准备攻击的信号。如果眨了眨眼睛，那说明猫咪想要取消攻击。人类在互相交流时以眼神交流为礼貌的象征，但猫咪不一样。与人类通过眼神得到信息不同，猫咪是通过观察周边的情况得到许多信息。除了捕猎或者攻击时眼神固定外，其他时候几乎都是呈现迷茫状或是没有特定看某个地方，但其实猫咪都在进行观察。

≫ 准备攻击的猫眼

😺 猫咪的耳朵语言

耳朵后倾

猫咪在不安的时候会将耳朵向后倾，是从其他动物的攻击中想尽量躲藏自己的本能反应。猫咪在攻击时耳朵也有后倾的倾向，但此时是伴随着瞳孔缩小和"咝哈"的攻击声。

≫ 感觉不安时的猫耳

耳朵向两侧倾斜

猫咪的耳朵上有多达 20~30 个肌肉牵动，耳朵甚至可以旋转 180 度。你会发现在平和的状态下猫咪的耳朵会向两侧倾斜。

≫ 感觉舒服时的猫耳

😺 猫咪的胡须语言

上嘴唇的胡须向两侧舒展时

猫咪的胡须就像猫咪感觉系统的天线一样。如果在放松状态的猫咪，天线也会放松，就会向两侧舒展开来。

胡须贴到脸颊时

猫咪在感到恐惧或危险时，为了能更好地隐藏自己会将胡须贴到脸颊处。

🐾 猫咪的嘴部语言

发出"咝——哈——"声时

猫咪在发火的时候会发出"咝——哈——"的声音并且张大嘴巴露出虎牙甚至会露出小舌。这是猫咪语言中最重要也是最基本的语言。根据情况不同意思会有所不同，但大致上来说就是人类的"讨厌"的意思。

» 发出"咝——哈——"声时的猫嘴

舔嘴唇品尝味道时

跟打哈欠有点不同，以其他方式反复舔嘴唇品尝味道时表示很无聊很闷。

舔嘴唇

猫咪表现不安的行为。

» 反复品尝嘴唇味道的猫咪

吐舌头时

是猫咪表示满足感时，强烈的撒娇表现方式，足以让不喜欢猫咪的人也为之动情。但并不是猫咪常见的表情。

打哈欠

人类一般是在犯困的时候打哈欠，猫咪却是在睡醒之后，伸伸懒腰的时候打哈欠。应该是一种舒服和满足的表现。

» 吐舌头时的猫咪

猫咪的咧唇嗅行为

猫咪有时会在闻到什么气味之后，半咧嘴将上嘴唇伸出露出下颚的牙齿，做出眯着眼睛的奇妙表情。猫咪会在闻到食物味道和闻到人或其他动物的体味时出现此种行为，我们称之为咧唇嗅行为。用嘴闻味道的这种行为可以在两栖类以上的脊椎动物身上看到。犁鼻器(Jacobson's organ，嗅觉器官)与前牙侧的两个小孔相连接以便将进到鼻腔内的气味分子送入大脑中，此时为了能让气味分子进入犁鼻器，动物才将嘴半咧，将上嘴唇前倾。除了猫咪之外，马、牛、羊等动物身上也能观察到此行为。这种行为是一种为了感知从异性臀部发散出的费洛蒙的一种性倾向，但家养的动物对其他气味也会出现此反应。

🐾 猫咪的尾巴语言

缓缓摇动尾巴的时候

猫咪在缓缓摇动尾巴时代表正在思考。如果还在思考中时会缓缓摇动尾巴，想的东西越多越复杂，尾巴摇得就越快。在宠物医院被放到诊疗台的猫咪虽然身体是卷着的，但尾巴却会摇晃得非常快，这是猫咪在想"什么？怎么办？"的时候。

尾巴摇晃的剧烈

说明猫咪处在非常兴奋的状态或者表示即将攻击，需要引起警惕。

尾巴和尾巴毛都竖起来时

猫咪在感受到威胁采取防御姿态时会把尾巴翘起来，甚至尾巴上的毛也会竖起来像奶瓶刷一样。这是猫咪为了震慑敌人而做出的本能反应。

🐾 猫咪的肢体语言

竖起毛发

猫咪碰到真不喜欢的或者让其惧怕的对象时会将全身毛发竖起，弓起背部，像螃蟹似的侧向移动。以此来向敌人表现出自己更大的体形以威胁对方。

≫ 发怒时猫咪的身体

梳理毛发

梳理毛发是猫咪表现平和感和满足感的一种代表性的感情表达方式，所以一般宠物医院里住院的猫咪或者寄养的猫咪不会做梳理毛发的动作。因此兽医师常以猫咪开始梳理自己毛发来认定猫咪的健康状况开始好转。猫咪梳理毛发的起点是胡须部分。猫咪会先用舌头舔过的前爪反复梳理胡须，整理完胡须后开始洗脸，然后慢慢扩展到全身。这种行为其实是猫咪为了去除自己的体味以防被敌人发现的一种野外生存的习性，和大小便后用沙土盖上伪装的行为相似。

≫ 梳理毛发时的猫咪

咕噜声

猫咪在心情好的时候会发出"咕噜"声。这种行为英文叫作"Puring"，目前还不清楚这个声音从哪个部位发出来。有说是从假声带发出来的，也有说是因为横膈膜和喉道肌肉收缩产生的，还有其他推测，但都没有明确定论。如果猫咪发出咕噜声眼睛也跟着变成弯月模样，那就相当于狗狗摇尾巴一样的意思了。但是猫咪不是只在心情好的时候发出咕噜声。如果你细心观察就会发现猫咪在受伤时，或者和刚分娩一样累时都会发出咕噜声。甚至死去的时刻也会发出咕噜声。

按一按的动作

是猫咪心情好的时候做出的动作。是猫咪小的时候为了吃到母奶，按一按母猫乳房的一个习惯。一般会在主人的手臂、肚子或者被子、垫子上像做按摩一样按一按。可以认为是跟咕噜声一样的表现方式。

跑来跑去

夜里猫咪在房间里跑来跑去的行为，其实是猫咪本能的一种玩性。越小的猫咪会越明显且时间也越长。

🐾 猫咪的行为语言

蹭来蹭去

猫咪在人、动物或墙壁、门上蹭来蹭去的行为，可以理解为猫咪表示领地的一种方式。猫咪会从下巴、嘴唇、太阳穴和尾巴下部的皮脂腺上分泌出有特别气味的黏性分泌物。它会在自己的领地留下这种气味以获得安全感，也会在对方身上留下这种气味以表示打招呼。而且猫咪更喜欢分泌这种分泌物的下巴、额头、颈后部被抚摸。

抓挠

猫咪习惯在房间里的家具、门等自己领地里抓挠出自己的痕迹并留下自己的气味，这是猫咪本能的自然行为。如果猫咪热衷于这种抓挠的行为，其实是猫咪强调自己领地的一种雄性的表现。所以只养一只猫咪或者给猫咪做绝育手术后这种抓挠行为就会收敛很多。

喷尿

是猫咪竖起尾巴提起后腿向垂直墙面上喷一点尿的行为。从肛门分泌腺上发出的特殊气味，别的猫咪会在 12 米之外就能闻到，而且这种气味有时会保持 2 周以上。这种行为也是强调自己领地的一种行为，给猫咪做完绝育手术后就可以明显减少这种行为。以气味来感知敌人的猫咪如果发现带有新气味的物体进入领地，就会开始喷尿行为。所以要注意放好从外面带进来的自行车、鞋袜之类，它们有可能会从外面带回不同气味。

叼来死鼠

这是经常跑出去的猫咪的习性。它其实是想把自己最喜欢吃的猎物叼来给你邀功，也是表示喜欢你的意思，千万不要因此对猫咪发脾气。

躲进箱子里

猫咪喜欢狭窄而又黑暗的场所。这是猫咪在野外生存时为了躲避危险，藏在狭窄而又黑暗的空间里的一种习性。

挖地盖土

大小便后用沙子盖住自己的排泄物是隐藏自己踪迹的一种野外生存方式。有时猫咪甚至会将猫粮埋到沙子里，准备以后享用，这也是猫咪野外生存本能的一种体现。

卢博士　猫咪的报恩

以前我们医院里有一只叫比尔的韩国短毛猫。它经常会通过医院放射性室的换风机外出。比尔经常会将死鼠叼来放到医院里，那时比尔的表情是无比骄傲得意。但护士们却是每次都被老鼠吓得尖叫跑掉，男医生们也是忙着赶紧弄来夹子把老鼠处理掉。我虽然格外喜欢猫咪，见到猫咪我就想亲亲它们，但那时的比尔我确实也不敢亲。那时看到我们惊慌失措的反应，比尔会是怎样的一个想法呢？如果有只猫咪为了报答你的喂食之恩给你叼来一只老鼠，希望你能理解猫咪的报恩情怀吧。其实从猫咪的角度来说，这就相当于请朋友吃超贵的牛排一样。

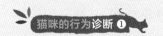

猫咪总是哭叫不停

过度发声，比平时哭叫得更厉害是猫咪的不正常表现。特别是在晚上，不光会影响主人休息而且会影响周围邻居的生活，导致周围邻居的抗议。猫咪过度发声时，我们有必要分清这是猫咪的正常生理现象还是由于身体不舒服造成的，或者是由于心理压力造成的。

正常的生理现象是猫叫春。领养猫咪的新手经常会分不清母猫在发情期发出的猫叫春声音。根据猫咪的品种不一样，猫叫春的声音可能也不一样。如果没有做绝育手术，猫咪会在发情期叫春，给猫咪做绝育手术就可以解决问题。

不同的猫咪会有不同的特点。比如暹罗猫就比较难缠，特别是暹罗猫在幼猫时更是会总想跟猫主人搭上话。这其实对暹罗猫来讲是一种正常现象。

还有一种 9 岁以上的猫咪经常患的甲状腺机能亢进症，也会让猫咪因为甲状腺荷尔蒙的过度分泌，出现活动性突然增加，叫声突然加大的表现。这时就需要猫主人们带着猫咪去医院治疗了。

如果家里有了其他宠物，或者有陌生的物体时，猫咪也会因为自身的不安感出现过度发声的行为。这时只要消除让它不安的因素就可以解决问题。

猫咪在打架时也会出现过度的叫声。有些猫主们应该曾听过寂静的冬夜里猫咪打架时的叫声。所以消除诱发猫咪打架的因素对减少过度发声也有帮助。像公猫可以给它做绝育手术，大大减小公猫的挑衅性。

幼猫的话会因为想得到主人更多的关怀哭叫不停。这是幼猫要主人抱抱或者喂食的信号。这样的猫咪可以在它不哭叫的时候给它更多的关怀，陪它玩，在它哭叫的时候故意不理它。过一段时间，猫咪也会认识到自己的哭叫没有什么效果而不再哭叫了。

	原因	解决方法
正常行为	母猫发情期的叫春，公猫的应答	给猫咪做绝育手术
	猫咪品种的特点（像暹罗猫）	学习自己猫咪品种的特点
跟疾病相关的行为	得甲状腺亢进症	需要治疗
因为心理压力产生的行为	对陌生的动物或物体的不安感	消除造成猫咪不安的因素，同时训练猫咪
	打架时的攻击叫声	进行隔离保护，给猫咪做绝育手术
	为得到主人关怀的行为	猫咪哭叫时故意疏远，让猫咪知道哭叫得不到任何东西

猫咪老是咬我的手指

　　攻击性的猫咪的主要武器是爪子。如果敌人出现，猫咪的指甲就会自动伸出。然后就以风一样的速度用爪子攻击对手。但是如果是刚开始长牙的幼猫，它们会以牙齿为主要武器进行攻击。

　　猫咪的这些攻击行为是猫咪在野生环境中生存的捕猎本能。猫咪并不会在吃饱了的时候停止捕猎，这是猫咪天生的捕猎本能和喜欢的游戏。没有捕猎机会的家猫会对主人的拳头或者手臂等快速移动的物体产生捕猎本能反应。观察咬主人手指的猫咪就会发现，它们的表情就像是追击猎物。如果感觉这个好玩，继续逗着猫咪玩或者还叫出声，会更加激起猫咪的捕猎欲望，等于是在鼓励猫咪继续这样的行为。

　　想纠正猫咪的这种行为，首先需要猫主们停止一切与手和脚相关的游戏。即使猫咪攻击也不要移动，也不要出声，视线可以转到别处。婴儿或者容易受到攻击的小孩最好也要让猫咪远离。

　　猫咪是夜幕下的猎手。所以猫咪最活跃的时间段是大清早和晚上。如果能在猫咪最活跃的时间段陪猫咪玩 20~30 分钟，就会抵消不少猫咪的捕猎本能需求。玩的时候可以用其他方法激发猫咪的捕猎本能。不过，玩激光点时因为猫咪永远也抓不到激光点，容易让猫咪有挫折感，可以配合着其他玩具一起玩。

猫咪喜欢吃异物

　　不知道什么原因猫咪非常喜欢线绳啊、布条啊或是纤维类的东西。可以经常见到幼猫咬玩着毛线等物品。但是如果幼猫吞了这些东西就可能造成肠道闭塞症，长线会变成线状异物，要多加小心。一般到猫咪 6 个月大之后，这种吞异物现象会慢慢消失，所以猫咪小的时候要多加注意，收拾好家里面容易被猫咪吞掉的异物再外出。

　　为了减少猫咪吞异物的风险，可以通过给猫咪能够咬玩的玩具以满足猫咪喜欢咬玩的本能。猫咪玩具中有一种内含猫薄荷成分的坐垫，猫咪会咬着这个玩具翻来覆去地玩。也可以给猫咪提供狗狗们的玩具，但有些可能猫咪兴趣不大，可以选择较为柔软的玩具给猫咪玩。猫咪还会通过吃植物来摄取所需的纤维和去除体内的毛发球和寄生虫。因为有这样的本能习性，家养的猫咪也会对家里的植物感兴趣，当然吃了没问题的植物还可以，但就怕吃到有问题的植物。所以最好让猫咪远离家养的植物。除了确认吃了都安全的几种植物外，其他没有把握的植物可以放到阳台，关上阳台门与猫咪进行隔离。如果这个方法不太好用，也可在花盆底下垫上铝箔纸贴上双面厚胶带，或者猫咪一接近花盆就给猫咪喷水，让猫咪留下接近花盆不好受的记忆。

　　为保证猫咪对纤维素的营养需求，要给猫咪喂食高纤维素的干饲料。

到了晚上就乱窜，让人不得安宁

　　猫咪绝对是不折不扣的夜行动物。白天猫咪可以 16 小时不动弹，到夜里就慢慢地起来开始活动了。人们准备睡觉的时候，对猫咪来说是最精神的时候。猫咪晚上常常会在家里上蹿下跳，我们叫它"呜嗒嗒"（韩语的拟声词）的行为。猫咪的这种行为在它排便前后会更加明显。以前身为野生动物的猫咪为了不让敌人发现自己的存在，排便时都会时时注意。家养的猫咪同样遗传了这样的本能，在排便完后会用猫砂盖住便，再通过"呜嗒嗒"的行为冲淡排便的气味。

　　猫咪的这种特性会随着跟人类一起生活的持续慢慢改变，猫咪的生物钟也会开始适应人类的起居变化。特别是主人长时间在家的时候，猫咪也会跟着主人的生活节奏，白天活动晚上睡觉。但如果成年的猫咪突然晚上上蹿下跳了，就要怀疑猫咪是不是得了甲状腺机能亢进症。甲状腺荷尔蒙过度分泌的猫咪会产生不安感，而出现上蹿下跳的症状。像暹罗猫或阿比西尼亚猫等对主人依赖性强的猫咪也会因为晚上见到主人兴奋或为了得到主人更多的注意出现上蹿下跳的行为。如果是这种情况，可以晚上尽量多地陪它们玩，睡觉的时候彻底不搭理它们，它们自然就会调整自己的生物钟到你的节奏上来。

猫咪随地小便

　　天生良好的排便习惯是猫咪最大的魅力之一。即使把刚 2 个月大的毛茸茸的猫咪带过来，猫咪也会自觉到猫砂上排便再把便用猫砂盖住。但如果我们突然发现猫咪有不正常的排尿习惯，猫主们会比较烦恼。如果狗随地小便，大部分人都不认为是问题，虽然比较麻烦，但大不了重新给狗训练就可以了。

　　但猫咪的不正常排尿现象可能要比想象中复杂一些。可能是猫咪的行为问题，也可能是猫咪的健康问题，更可能是两者兼有之，所以首先需要我们弄清楚原因才好。最基本的是要分清猫咪标记领地范围的喷尿行为。这种行为经常出现在没有做绝育手术的猫咪身上，如果是领地标记喷尿行为就属于猫咪正常的行为方式。区分喷尿和不正常排尿的方法是观察猫咪排尿的姿势。如果猫咪排尿的方向高而垂直，且在垂直的墙面上留有痕迹，这是领地标记喷尿行为。如果猫咪排完尿后抓挠地板想要消除排尿痕迹，这种行为就不属于正常的领地标记喷尿行为了。即使是正常的喷尿方式，如果过于频繁，也说明房间中有刺激猫咪做此行为的让猫咪不安的因素，此时就需要帮猫咪消除让它们产生不安的因素。为了缓解猫咪的不安感，也可以使用猫咪费洛蒙制品。像使用木天蓼棒或猫薄荷等猫咪兴奋剂或者抗忧郁剂等。

　　还有一种与领地标记喷尿相似的行为是性标识，这是猫咪性荷尔蒙增加的一种行为，如果是公猫可以通过做绝育手术加以解决，母猫可能会在怀孕时出现这种行为，但非常少见。根据研究报告显示，做完绝育手术 90% 的公猫，95% 的母猫的不正常排尿习惯得到了改善。

　　如果幼猫有不正常的排尿习惯，可以在房间里多放置一些幼猫厕所，幼猫也会因为猫咪厕所过远出现一些不正常的排尿现象。如果判断猫咪有不正常的排尿行为，可以试一下调整猫咪厕所的大小和高度，猫砂的种类和量，尽量给猫咪提供猫咪喜欢的环境。有些猫主甚至尝试到最后才发现，自己的猫咪原来最喜欢在铺着报纸的纸箱垫里排尿。可以看出猫咪对于猫咪厕所和猫砂很挑剔。所以猫主们需要耐心地帮猫咪寻找适合自己的猫咪厕所。

环境的变化或新家庭成员的加入等有可能会让猫咪产生过大的心理压力，从而导致猫咪出现非炎症特发性膀胱炎。特发性膀胱炎是猫咪最重要的疾病之一，是一种发生次数多，且需要猫主和宠物医师格外注意的疾病。从诊断的角度看，兽医师容易误诊为感染性膀胱炎，猫主们容易忽略猫咪周边的施压因素，简单地以为是猫咪变得邋遢了。

猫主们平时需要留意猫咪的排尿习惯，避免贻误猫咪最佳的治疗时期。如果发现自己的猫咪有不正常的排尿行为，可咨询宠物医生矫正猫咪的行为，如果还是没有改善，应该寻求药物治疗。

解决喷尿和不正常排尿行为的方法

去除压力原因	主人不陪玩、猫食的变更、搬家或者其他动物的加入等都可能成为施压因素，需要猫主们为猫咪解决这些问题；
绝育手术	绝育手术做完后母猫、公猫都有显著的改善；
行动疗法	在乱排尿的地方贴上双面厚胶带或垫上铝箔纸，或者放置水或食物阻止猫咪在此地方撒尿；
上厕所卫生习惯和喜好确认	管理好猫咪厕所的卫生，调整猫咪厕所种类、猫砂种类等来了解猫咪的喜好；
药物疗法	使用木天蓼、猫薄荷等可以缓解猫咪精神压力的费洛蒙物质。

用力抓挠家具和沙发

抓挠是除了喷尿以外猫咪另一个典型的行为。有些猫咪的行为诊疗中会为了减少猫咪的喷尿行为而引导猫咪进行抓挠。这说明抓挠行为也是猫咪为了标记自己领地而使用的一种方式。

猫咪喜欢在显而易见的地方垂直方向抓挠，一个目的是留下明显的视觉信号，还有一个目的是留下自己的嗅觉标记。抓挠的行为也可以通过绝育手术的方式有效地改善。新宠物成员的加入或者搬家等因素也会让猫咪承受精神压力出现抓挠的行为。

猫抓板是让猫咪满足抓挠要求的重要玩具，可将这类玩具放置在猫咪喜欢抓挠的家具、柱子等地方，防止家具等被划伤。猫咪习惯睡完觉刚起来时边抓挠东西边伸懒腰，所以可将猫抓板放到猫咪睡觉的地方，最好从幼猫开始就让猫咪养成这种习惯。

如果通过抓挠玩具和绝育手术的解决效果不理想，还可以给猫咪戴上指甲套。但猫咪指甲套需要根据猫咪指甲的长短换着戴，所以有点麻烦。

猫咪有做破坏性抓挠倾向时，如果家里的家具非常贵重，家里有孩子或者你的家具是房东的时，有些人会给猫咪做前脚弯折部戳切除或前爪指甲切除手术，但除非是极端情况下，建议不要做此类手术。

还有一种是你可以转换思维，尝试喜欢上猫咪抓挠的痕迹。想着被抓挠的沙发，让我坐起来更舒服等。如果你想着你是多么地爱你的猫咪，这些都不是问题了。

03 对猫咪有害的食物

🐾 了解对猫咪有害的食物

巧克力

猫咪可能吃少量的巧克力就有生命危险。巧克力中的可可碱和咖啡因会诱发猫咪巧克力中毒。颜色越深的可可巧克力含有越多的可可碱。40~50mg/kg 的可可碱含量会让狗狗出现严重的临床反应，60mg/kg 的可可碱含量可让狗狗病症发作，100mg/kg 以上会危及狗狗的生命。特别是制作面包用的巧克力更是含有 10 倍以上的可可碱，对猫狗更加危险。猫咪相比狗狗对可可碱的吸收率及反应会更加严重，更加致命。有些猫咪可能喂食一点点巧克力不会有什么反应，但对有些猫咪来说一点点巧克力就有可能危及它们的生命。

牛奶

我们很容易认为牛奶对猫咪、狗狗是有益的食品。但其实猫咪和狗狗属于乳糖不耐症群体，它们体内没有分解乳糖的酶，所以喝了牛奶反而会让它们腹泻。如果你想给幼猫喂奶，一定要给猫咪喂食宠物医院的专用猫奶。

各种骨头

在宠物医院急症病例中有很大一部分是猫咪吞食了鸡骨头或其他骨头被送过来的。有些是在猫主不注意的时候猫咪吞掉的，有些是猫主给猫咪喂食的。猫咪不像人类，它们没有啃骨头的能力，这点希望大家一定记住。

生肉、生鱼

猫咪喜欢捕食老鼠，喜欢吃散落的生鱼。但不能因为这样，就给猫咪喂食生鱼、生肉或生鸡等。此类食物不但有感染沙门杆菌等病原菌的风险，还会有感染人畜传染的弓形虫病的风险。

金枪鱼

因为是富含 Omega-3 脂肪酸的食物，所以容易被猫主们当成对猫咪有益的食物。但其实金枪鱼富含的不饱和脂肪酸不太容易在猫咪体内消化吸收且会破坏维生素 E，所以有可能诱发猫咪的其他疾病。如果猫咪变得迟钝、发热、轻轻触碰就感觉疼痛就应该怀疑猫咪是不是维生素 E 缺乏症，需要到医院进行检查了。

花草

在野外生存时，猫咪为了除去体内的寄生虫、顺利吐出毛发球会吃一些草。末端尖尖的禾本科植物虽然有刺激食道让猫咪吐出毛发球的作用，但有时也会让猫咪因为其毒性出现呕吐、腹泻甚至出现幻觉、呼吸困难以至死亡的情形。所以猫咪最好是远离花草为好。

对猫咪有害的植物

喇叭花、桂顶红、鸢尾、薤白、藏红花、马蹄莲、桔梗、芹花、扭柄花、圣诞玫瑰、罂粟、鹤望兰、铃兰、爬山虎、西红柿、石蒜、风信子花、一品红、百合等。

腌制过的食物

对猫咪有害的人类食物其实是盐分浓度的问题。人类食品中的盐分浓度对猫咪来讲是过高的。猫咪不同于人类，只在脚掌部位有汗腺，所以排出盐分的能力也非常有限，过高的盐分摄取会诱发猫咪各种各样的疾病。

感冒药

对人类来说安全剂量的感冒药，只要一点儿用量就足以对猫咪造成害处。特别是感冒药含有的对乙酰氨基酚是典型的让猫咪中毒的物质。如果猫咪误食了药物，应该马上送到医院，按照解毒疗法进行治疗。所有给猫咪喂食的药都要遵医嘱才可以。

猫咪的毛发管理和美容

🐾 与毛发的战争

猫咪毛发过敏

如果你或者家庭成员中有人对猫咪的毛发过敏,你就要放弃领养猫咪了。如果你还是按捺不住想养猫的话,建议你经常光顾猫咪咖啡吧等。因为对猫咪毛发过敏的人来说,仅仅靠喜欢猫咪是很难克服这种过敏性体质的。

选择短毛猫

相比波斯猫等长毛猫,毛发较硬的短毛猫的毛发管理更加容易。不是说短毛猫就不需要给它梳理毛发,而是比需要早晚细心梳理毛发的波斯猫要简单很多。给猫咪吃一粒 Omega-3 或 Omega-6 脂肪酸营养剂有助于减少猫咪的毛发脱落,平时吃生食的猫咪要比吃猫粮的猫咪脱毛现象轻微。

毛发球

猫咪自己梳理毛发的时候会吞掉贴在舌头底下的毛发,这种毛发渐渐积聚在体内会形成毛发球,这种毛发球不能通过排便方式排出体外,猫咪只能通过呕吐的方式吐出来。猫主们经常会看到房间的各个地方有黄色的仔细看像果冻似的毛发球。除了换毛时期,春天也是猫咪脱毛次数急剧增加的时期,可以在这一时期给猫咪喂食毛发球专用饲料或营养剂,或者准备一些猫草喂食也是较好的办法。给猫咪喂食毛发球专用产品就可以让毛发球随着排便排出来。这种产品的成分大部分是麦芽油和甘油,最好在猫咪换毛期间给猫咪喂食。

猫咪的换毛

猫咪的换毛时期是春季和秋季。虽然猫咪毛发每天都会掉落，但春季要比夏季脱落得更为明显。猫咪的毛发分为外毛和里毛，秋季外毛会脱落，里毛会长得密实以应对冬季的寒冷，就像披了毛皮大衣一样。

🐾 美容和麻醉

给猫咪美容前需要进行麻醉

猫咪不同于狗，美容前需要进行麻醉。美容一次之后大概不到 6 个月毛发又会长长了。有些猫主对美容持谨慎的态度，因为一年两次给猫咪美容，也就是一年至少有两次要给猫咪进行麻醉，他们怕这会对猫咪的健康产生影响，且猫咪的美容费用、麻醉费用、麻醉前的检查费用等加起来也要 10 万多韩元（600 多元人民币），也是不小的经济负担。

除非让猫咪从小开始习惯上美容的过程，消除猫咪的抗拒感，否则美容前麻醉就是猫咪美容的必要手段了。

给猫咪进行麻醉时需要遵守的事项

1. 事先检查血液 通过血液检查虽然不能完全掌握猫咪的健康状况，也不能保证麻醉的安全性，但是可以事先了解猫咪的肝和肾脏的基本状态，所以建议猫主们美容前给猫咪做一下血液检查。

2. 高龄猫咪 如果是 7 岁以上的猫咪，最好再增加胸部放射线检查和尿检查项目。

3. 美容时只做美容 有些猫主想在给猫咪做完美容之后，一次性再给猫咪做绝育手术、疫苗接种、诊疗等。但这些项目其实不宜一次性给猫咪做，以免猫咪会因为长时间的应付产生心理压力，而适得其反。

4. 等猫咪清醒了再带回家 猫咪美容后一定要等到猫咪清醒了才能带回家。仗着猫咪年轻，血液检查正常，呼吸正常，心跳正常就放心把猫咪带回家是很危险的。因为麻醉导致的死亡是最不容易查出的，且大部分都找不到具体的原因。只有在医院等待猫咪苏醒，才能确保在意外出现时及时给猫咪进行急性心肺复苏等应急处治。所以美容后一定要等到猫咪抬起头，开始动起来了，再把猫咪带回家。

5. 麻醉前后 8 小时不能让猫咪吃东西 麻醉前至少 8 小时不让猫咪吃东西，这是防止猫咪在受麻醉时呕吐造成气管堵塞。

6. 调节体温 在被麻醉的时候猫咪的体温是无法调节的，所以要给猫咪保暖直到猫咪醒来。

7. 让猫咪趴着 猫咪醒来的时候最好是趴着的姿势。这样可以防止猫咪呕吐时，呕吐物堵塞气管。

训练猫咪

🐾 猫咪是独来独往的动物

猫咪是独来独往的动物。群居型动物会以群中首领为标准，生活会很规律，会服从首领，即使在痛苦的情况下，也能表现出忍耐的本能。但独来独往的动物因为需要独自抚养自己，会在觅食、防御、攻击、玩耍上具有更突出的能力。所以我们不能期待猫咪也能像其他善于服从的动物一样服从我们，忠诚于我们。

🐾 让猫咪认识主人

出生 2~7 周的时候认养

这个时期的动物像狗、猫、刺猬、兔子、仓鼠等都很容易亲近人类。即使是换了一个新主人也能很容易就认可他们为自己的主人。

温柔的照料

准时给猫咪喂食猫粮和水，及时帮猫咪清理猫咪厕所，陪猫咪玩耍，给猫咪梳理毛发等都会让猫咪感受到你是它的主人。

🐾 训练猫咪

如果猫咪做了主人不喜欢的行为

要让猫咪做这种行为时，联想起不愉快的记忆。例如猫咪爬到餐桌或鞋柜上时，大声尖叫或喷柠檬汁等。其中最重要的是这种警告或者提醒一定要在猫咪做错误行为的同时进行。随着这种提醒和警告不断地反复，猫咪就会将自己的行为和不好的记忆联系起来，慢慢分清主人不喜欢的行为。

总是爬到高处

如果想阻止猫咪总爬到高处，可以在那个地方堆满其他物品，不给猫咪容身之地。猫咪能很好地判断出自己的地盘，即使是化妆品很多的化妆台，它也能左避右让地自由行走，如果高处堆满了物品，它是绝对不会爬上去的。

想将猫咪训练成"膝盖猫咪"的话

如果关掉暖气，将房间的温度降低，喜欢温暖又柔软地方的猫咪就会爬到你的膝上来。但如果你的猫咪是总想让你抱着的"黏虫"，那夏天你可以关一关家里的空调，这样怕热的猫咪就会自然跑到地砖或者凉快的鞋柜那边去的。

如果猫咪总想吃主人的食物

猫咪如果从小吃猫粮长大，那它不会对主人的食物感兴趣的。但如果猫咪是吃着主人的食物长大的话情况就不同了。这种情况下，你可以通过在猫咪准备爬到餐桌时就喝止，给猫咪喷食醋等提醒猫咪的错误行为。餐桌上的食物绝对不能给猫咪，且要让猫咪的喂食区域与餐桌保持一定距离。这样猫咪才能意识到自己的食物和主人的食物是完全不同的。

猫咪总是咬手指

幼猫因为长牙齿很痒会常咬东西，所以喜欢咬主人的手指，但如果长大了还咬主人的手指就说明还留着小时候的习惯。这个时候主人就需要多使用钓鱼线或逗猫棒跟猫咪玩，不能再让猫咪咬自己的手指了。

尹博士 到宠物医院就可以了解猫咪心中对主人的看法？

对于不常见到外人的猫咪来讲，来宠物医院是巨大的挑战。如果跟主人的关系好的话，猫咪就会钻到主人的怀里去。而且有些猫咪即使在很危急的情况下，也不会向自己的主人竖起指甲，这说明猫咪跟主人的关系非常亲近。为了成就与猫咪这样的亲近关系，需要主人们不断地给猫咪关怀，不断地与猫咪交流，还要经常在一起。相反，也有很多猫主们连从移动屋里拿出猫咪都不敢。猫咪需要主人的关怀，猫咪需要在主人的陪同下才能感到安全，从而更好地配合治疗。所以作为猫咪的主人，我们一定要多给猫咪关怀，多与猫咪交流，要与猫咪形成自然而然的依赖关系。

06 与猫咪旅行

🐾 将猫咪放入移动屋再移动

如果你想带着猫咪出远门，就需要将猫咪放进猫咪移动屋再出发。不然对声音、震动或新的环境敏感的猫咪会在旅行途中突然蹿出去。如果猫咪跑到马路上就非常危险了。将猫咪放入移动屋旅行也是对其他乘客的一种礼貌。

🐾 国内旅行

乘坐巴士和出租车

在韩国，如果你想带着宠物乘车，就需要将宠物放入移动屋再把移动屋放到行李区域。但从 2009 年 12 月 2 日颁布新的宠物相关法后，狗狗和猫咪不用再放到行李区，可以随主人一同乘坐交通工具了，但是宠物不能放到普通的背包或者其他包裹里，一定要放进正规的有门锁的，保证不会让宠物跳出去的移动屋里。因为有些司机还不了解新颁布的宠物移动的相关法律，有时也会要求你将宠物放到行李区。为了应付这种状况，你可以随身携带相关的法律文本，再碰到此类司机时可以提醒他们。还有一些出租车司机可能会反感宠物同乘，所以乘车前最好是先跟司机打个招呼再乘坐。（中国各地的《城市公共交通条例》并不允许宠物同乘，如果有紧急情况带好移动屋，提前电话确认，得到司机许可。）

乘坐地铁或者火车

根据韩国地铁旅客运送规定和火车旅客运送规定，目前还不允许旅客携带宠物同乘。但放到容器里的鸟类、昆虫类等对人类绝对没有威胁性的小的宠物和导盲犬是允许乘坐的。铁道法规规定有可能给同乘乘客带来不快的宠物是不允许进入列车车厢的。但其实只要同乘乘客没有意见，也有不少宠物主们将自己的宠物装到移动屋里乘坐地铁或者火车。有些时候管理员会向你索要宠物的疫苗接种记录、狂犬病疫苗接种记录等证明，所以宠物主们要及时给宠物接种相关疫苗，且随身携带与宠物相关的资料为好。猫主们要事先使用湿巾、芳香剂等保持好宠物周围的卫生，如果是长时间旅行，可以给猫咪也购买一张坐票以避免同乘乘客因为宠物产生不满。

🐾 国外旅行

坐飞机

带着宠物坐飞机首先需要准备标准规格的移动屋，每个航空公司要求的移动屋的规格可能略有不同，所以需要事先了解相关航空公司的要求。大部分的航空公司允许放置到移动屋里的小宠物与乘客一起乘机，但一些航空公司可能会控制同乘宠物的数量，如果之前同乘宠物的数量已很多，那你可能就会被要求改乘其他航班。所以需要带着宠物坐飞机时，要提前与航空公司联系预约。如果宠物要放到货运空间，需提前与航空公司说好放置到常规气压和温度的空间里。可以在移动屋内放置饮用水，为了防止晕机，可提前 3~4 小时停止给宠物喂食。如果是长时间的乘机，食物则放平常的一半分量即可。

○ 中国民用航空总局关于修改《旅客、行李国内运输规定》

第四十四条　小动物是指家庭饲养的猫、狗或其他小动物。小动物运输，应按下列规定办理：

旅客必须在订座或购票时提出，并提供动物检疫证明，经承运人同意后方可托运。

旅客应在乘机的当日，按承运人指定的时间，将小动物自行运到机场办理托运手续。

装运小动物的容器应符合下列要求：

（一）能防止小动物破坏、逃逸和伸出容器以外损伤旅客、行李或货物。

（二）保证空气流通，不致使小动物窒息。

（三）能防止粪便渗溢，以免污染飞机、机上设备及其他物品。

旅客携带的小动物，除经承运人特许外，一律不能放在客舱内运输。小动物及其容器的重量应按逾重行李费的标准单独收费。

航空运输需办理的手续

1> 宠物开具动物检疫证明；2> 办理出入境检疫合格证；3> 选择航班，确定是否有有氧舱；4> 订票的同时记得订宠物舱位；5> 航空箱；6> 或者选择专业的宠物托运公司，比如说中铁快运公司、友鑫宠物托运公司。

○ 铁路运输宠物规定

除了个别城市外，国内的铁路大都允许托运宠物，而且价格会比空运便宜不少。不过，首先你需要持铁路运输部门认可的动物检疫证明，一般检查的费用在几十元。检疫地点请向当地的铁路货运部门咨询。

走铁路运输的手续

1> 办理宠物出入境动物检疫合格证明；2> 办理健康证以及消毒证等；3> 提前打电话问火车站哪次车可以带活体；4> 上车当天提前 4 小时到车站，办理相关手续。

各国的检疫制度

为了杜绝人兽共患的传染病入境，各国的检疫部门都有较严格的宠物检疫入境制度。所以宠物要想出国要比其主人麻烦很多。岛屿国家为防止狂犬病的传播，其检疫制度会比大陆国家更为严格。虽然最近韩国国内没有狂犬病病发案例，但因为之前在铁原（韩国地名）地区曾有过狂犬病病例报告，所以宠物出国的时候要经过非常严格的检疫检查。

◉ 美国的检疫制度

带狗狗到美国去的时候是需要出具狂犬病疫苗接种证明书的，但猫咪不需要。关岛和夏威夷会对狗狗和猫咪的入境有特殊的要求，需要事先与相关部门联系了解。特别是夏威夷，那里的检疫入境制度非常严格。需要最少 2 次以上的狂犬病疫苗接种记录，需要做 AVID 的 9 位芯片手术，还需要接受美国检疫机关的狂犬病抗体检查。检查需要在进入夏威夷前 120 天进行，过 36 个月后会失效。抗体检查后需要等待 120 天，且需要在进入夏威夷前注册到当地的动物医院。出国前 14 天内需要给宠物进行螨虫治疗，且相关治疗药品要使用夏威夷指定的治疗药品。相关的所有资料需要在到达夏威夷 10 日前递交，其相关检疫费用也需要事前交付。

相关信息网站：www.aphis.usda.gov/vs/ncie
夏威夷：www.hawaiiag.org/hoda

🐾 日本的检疫制度

岛屿国家日本是检疫制度最为严格的国家之一。要完全满足相关的入境要求，否则会被滞留 180 天或者拒绝入境。

为了让宠物进入日本，需要 7 个月左右的准备时间，但只要准备充分，仅需 1~12 小时就可以顺利入境。

准备工作中最重要的是找准顺序和准确的时期。

首先需要给宠物做 ISO 国际标准化认证机构认证的芯片手术。韩国国内常用的牌子是"BackHome"。植入芯片后，做狂犬病疫苗接种时要使用不活化疫苗，不能使用生毒疫苗。要给 91 天以上大小的猫和狗接种，且要在 31 天后在免疫持续期间进行再次接种。

植入芯片，做完 2 次以上的狂犬病疫苗接种后需要检查狂犬病疫苗的抗体。要在日本政府认可的检查机关进行血液检查，其检查结果的有效期限为 2 年。如果抗体出现有效结果，从血液采样日开始 180 天后宠物就可以入境了。在入境 40 天前需要事先向日本做会和动物一起入境的通报，且要得到日本方面的确认答复。在正式出发 2 天内要再次从兽医师那里得到宠物没有狂犬病的证明书，另外要准备好入境 30 天前进行的疫苗接种记录。猫咪需要做 3 种以上的综合疫苗接种，在出发前 4 天内需使用国际上通用的综合驱虫剂实施内、外部寄生虫防治。宠物的运送器皿要符合 IATA 的规定，要留给宠物足够的自由起身、坐、躺、转身等空间，且不能让宠物的鼻和爪伸到外面。还有宠物的运送器皿要通风良好。在到达日本 1~4 天前要通过电话、传真或电子邮件的方式将承认编号、航班号、到达时间等信息发送到日本检疫所。

这时太幼小的、高龄的、怀孕中的或有疾患的动物会被排除在检疫对象外。到达日本后要向相关检疫部门提出入境检查申请、证明书、狂犬病抗体检查结果等待入境许可。

·07 在猫咪酒店寄养猫咪

🐾 短期旅行时

对猫咪来说，主人的存在虽然重要，但更重要的是猫咪有一个可以自己吃东西、睡觉和生活的空间。猫咪对主人的外出倒不会有太大的反应，但对旅行或搬家等周围环境的变化会比较敏感。所以如果你只是去做 3 天 2 夜的短期旅行，就没有必要找地方寄养猫咪了。

将猫咪独自留家前需要做的准备工作

❶ 要根据不同季节调节好房间温度再出发。冬天要开好供热系统保持室内温度，夏天要装好结实的纱窗，打开窗户。

❷ 水和猫粮要放置在多个不同区域。如果使用定时给食器可以定时给猫咪提供食物。

❸ 如果只是 3 天 2 夜不在家，猫咪厕所一个就够了。

❹ 要收拾好房间里的危险物品。比如针线、花盆、玻璃、绳索等猫咪有可能误吞的物品。主人在身边的时候猫咪即使误吞了东西还能及时送到医院抢救，但主人不在家的时候对猫咪就非常危险了。

卢博士 狗狗和猫咪的不同点

将狗狗独自扔在家里外出 3 天 2 夜是很残酷的事情。旅行后回家的话，房间会变得乱七八糟，而且被孤独和恐惧折磨的狗狗见到主人回来会不停哭叫。房间里到处都会留下排便物，之前好不容易训练出来的狗狗的排便体系都会瓦解，又要重新训练狗狗的排便习惯了。与狗狗相反，猫咪不会因为你的 3 天 2 夜的外出而出现问题。像我的 Minky，即使过了 3 天 2 夜才看到我，它也只会主动靠过来在我的腿边蹭蹭表示一下欢迎，然后又自己玩去了。

🐾 长期旅行时

如果周边没有可以帮你照顾猫咪的人，你可以请"猫咪保姆"或者将猫咪带到别家进行暂时寄养。但我不太推荐这样的方法。为了寄养猫咪把钥匙交给陌生人确实不是什么明智的做法，以前也有类似的诈骗事件。如果把猫咪寄养到宠物医院里，猫咪会在狭窄的空间中被寄养，对猫咪来说也是一种折磨。幸亏最近市面上开始出现了很多专门收养猫咪的猫咪旅馆。价格也跟寄养在宠物医院差不多，还配备有猫咪城堡等，给猫咪提供很舒服的环境。甚至有些猫咪旅馆还有网络摄像服务，猫主人出门在外也可以通过网络来查看自己猫咪当前的状态。可惜的是猫咪旅馆只在都市等部分区域才有。

寄养猫咪时最需要注意的就是传染病的预防。完成接种的猫咪比较适合寄养，如果没有接种相关疫苗，需要做抗体检查确认猫咪体内有无抗体。还要了解其他被寄养的猫咪有没有接种相关疫苗，我的猫咪是不是跟其他猫咪接触，猫咪旅馆是否有正规的传染病防治体系等，都是寄养猫咪前猫主们需要了解确认的。

选择猫咪旅馆时需要注意的内容

❶ 一定要选择允许猫主事先对旅馆内设施进行确认的猫咪旅馆。如果猫咪旅馆不让你事先了解里面的设施环境，你最好是找其他的猫咪旅馆。

❷ 卫生状况要良好，通风要好，不能有异味。

❸ 确认是不是一只猫咪一个独立空间。原来就生活在一起的猫咪可以寄养在同一个空间，但如果跟陌生的猫咪寄养在一起很可能会产生心理压力、打架或者传染疾病的风险。

❹ 确认猫咪的空间是否配备了双重门系统，以防止猫咪擅自跑出。

❺ 寄养所会要求猫主提供兽医师签名的疫苗预防接种的证明材料。

❻ 寄养所应该要事先了解待寄养猫咪的饮食习惯和病历，也应该要求猫主签署在寄养期间若发生需要诊疗情况时，寄养所代为将猫咪送到动物医院诊疗的委托书。因为再健康的猫咪可能也会因为主人不在而受到心理压力出现身体上的异常。

❼ 如果猫咪是长毛种，在经济能力允许的情况下，最好也委托猫咪旅馆为其梳理毛发。

绝育手术

什么是猫咪的绝育手术

其实是为了预防猫咪生殖器相关的疾病和任意的生殖行为导致遗弃猫的增加给猫咪做的节育手术。母猫会被去除卵巢和子宫以防止子宫积脓症、乳房癌、卵巢肿瘤等生殖器相关的疾病，也有减缓发情期叫春现象的效果。公猫会被去除睾丸以防止前列腺疾病和睾丸疾病，也通过这个手术让公猫的攻击性和领地感明显减退。

有关绝育手术的争议

欧洲、美国和日本等宠物文化较为发达的地区基本上对宠物的绝育手术持肯定意见。但韩国相比这些地区和国家对绝育手术还有很多争议。很多的争议发生在说服宠物主们给宠物做绝育手术的过程中。一般年龄较大或是男性主人会更加反对给宠物做绝育手术。他们一般都会持"尊重宠物的国家不会给宠物做绝育手术的，要保存好它们自然的东西"，"你们怎么能去掉它们的生殖器官，太残忍了"等想法或观点。因为人不到万不得已不会去除自己的生殖器官，所以很多猫主也不希望自己的宠物得此不公的待遇。但是猫主们要明白猫咪跟人类是不一样的。人类的味觉细胞有9000多个，猫咪的味觉细胞只有500多个。人类是细嚼慢咽吃东西，猫咪是吞食物。人类小肠的长度是6米，猫咪的长度不过1米。人类会追求多样的美味，猫咪只需要消化吸收快的食物。猫咪和人类无论在生理结构上还是生活习惯上都很不一样的。作为猫主首先要了解猫咪的生理特点，然后找寻猫咪与主人共同生活的道路才是猫主们对猫咪的义务和责任。要明白绝育手术是猫咪可以跟人类和谐相处的最好办法。

😺 猫咪的绝育

爱外出的 ♂ 公猫

⟳ 控制繁殖能力

公猫如果不加限制可以在 3 个月内繁殖 100 只猫咪。生命的诞生是大自然给予的祝福，但没有食物和生活保障的野猫数量的增加对猫咪却不是什么祝福。

⟳ 控制打架

公猫会经常因为打架出现流血事件，因为打架流血传染的猫咪艾滋，在诊断上以及施打疫苗上皆有困难。给猫咪疗伤的费用要比绝育手术高出 5~7 倍。

≫ 猫咪之间打架，这种程度的伤是经常有的

爱外出的 ♀ 母猫

⟳ 预防意外怀孕

母猫在出生 8 个月时就可以怀孕，怀孕时间不过 2 个月。假设一只猫咪一年有 3~4 次怀孕，其产出的小猫又怀孕产出小猫的话，3 年生出 100 只猫咪完全有可能。英国有位兽医师曾经追踪研究过一只母猫，发现在 10 年间，那只母猫的子孙有 1400 多只，而这些猫咪也逃不过成为野猫的命运。

待在家里的 ♂ 公猫

⟳ 防止喷尿

如果家里或者附近有母猫，公猫就会在家里到处喷洒尿液以示主权。这种喷洒味道几个月都不会消失。

⟳ 性格驯化

家里如果有其他猫咪或动物，因为雄性荷尔蒙的作用公猫会不断找碴打架。即使是独自抚养的猫咪也会对主人的温柔抚摸产生攻击性的反应。如果你希望你的猫咪与其他伙伴和睦相处，改善与自己的纽带感，绝育手术是非常必要的。

⟳ 解决离家出走问题

公猫会被发情期母猫发散的费洛蒙吸引，一有机会就会蹿出家门，即使被关在家里猫咪也会相当不安。

待在家里的 ♀母猫

◉ 防止猫叫春

母猫如果不做绝育手术倒不会像公猫那样问题严重，但一到发情期母猫就会像幼猫似的叫唤个不停，俗称猫叫春。母猫在叫春的时候会比平时叫声更大，特别会在凌晨叫个不停，影响邻居。所以对母猫来说绝育手术也是非常有必要的。

♂公猫的绝育手术

◉ 手术方法

切开生殖器 1cm 左右，剥下围绕睾丸的膜之后将血管绝育起来。睾丸有 2 个，所以这个过程要做 2 次。有时手术部位不需要缝合，有时如果睾丸太大就缝 1~2 针。这个过程不过 5 分钟，其麻醉量也比美容麻醉量小，危险性也相对较低。

◉ 适宜手术时期

猫咪出生 4~5 个月后，体重在 2kg 以上就适宜进行绝育手术了。

◉ 手术费用

公猫的绝育手术不用开腹，所以要比母猫的手术费用低廉。

♀母猫的绝育手术

◉ 手术方法

母猫的绝育手术要比公猫来得复杂，需要开腹切除子宫和卵巢。因为猫咪的子宫在腹下侧，找准位置切除有一点难度。有些兽医师为了缩短手术时间和手术切腹口也会使用"clip"。

母猫的绝育手术因为手术时间长，所以需要做呼吸麻醉。当然麻醉前的检查也很有必要。

手术时期

母猫在出生 6 个月后就可以接受绝育手术，因为发情期的母猫会有严重的出血，所以手术时机要选择在发情期前或后。但因为发情期母猫的子宫会变大，手术时较易找到卵巢，也有一些兽医师会挑发情期给母猫做绝育手术。

手术费用

因为母猫的手术时间长，需要做呼吸麻醉，所以手术费用要比公猫高。如果包含住院费、麻醉前检查、呼吸麻醉、药费、注射费等费用会更高。

Minky's　我喜欢 Minky 的发情期

　　我的 7 岁的 Minky 按人类的年龄计算已经 44 岁了，但我并没有给它做绝育手术。起初只是想等到 Minky 发情的时候再给它做也不迟。但 Minky 的第一个发情期我却没有觉察到。之后我也是分不清楚 Minky 有没有来发情期。给母猫做绝育手术的重要原因是猫咪的叫春声音，但我的 Minky 在发情期除了将鼻子贴近肛门处要我帮它挠痒或者躺下对我撒娇之外倒没有出现很严重的猫叫春现象。

　　事实上 Minky 发情的时候我的心情会很好。Minky 是贵妇人波斯猫，在平时会出奇地安静，像一个会呼吸的猫咪玩具一样。但只要在发情期，Minky 就莫名其妙地贴上我，跟我撒娇。平常有些陌生的我们，只要一到 Minky 的发情期，我们的距离就会拉得很近。还有发情期的时候 Minky 的身体状态会最好，所以我就趁此机会给 Minky 做美容。平时讨厌得要死的毛发剪的震动声此时 Minky 也会耷拉着眼帘享受着，真是完全沉浸在无我境地。但 4 岁之后，Minky 开始成熟就叫春了。由于 Minky 本来也是比较安静的品种，只要我跟它说"不要叫了,Minky"，它就会停止，也不会因为叫春让我睡不好觉或者影响邻居休息。

猫咪的交配

🐾 交配前需要事先想好的几点

要先考虑好猫咪幼崽的领养问题

猫咪怀孕一般会产下 3~5 只小猫咪。如果让猫主承担起多抚养 5 只猫咪的责任，可能是很困难的事情。而且因为不是专门转让猫咪的，所以小猫咪转让起来也不会太容易。如果是波斯猫、暹罗猫、俄罗斯蓝猫等很多人都要的品种，可能会容易转让，但如果是韩国短毛猫可能就没有那么容易转让了。

要考虑到难产等突发状况

如果你认为所有的猫咪都会顺利分娩，顺利养育自己的猫崽，那你就错了。有些街猫在生产时，幼猫卡在产道里几小时都不知所措，有些猫咪努力一整天都产不出最后一只猫咪幼崽。所以猫咪分娩前要充分考虑到猫咪难产的可能性，做好充足的准备。猫咪分娩一周前就要避免独自将猫咪留在家里外出，猫咪分娩后也要参与到照顾猫咪幼崽的工作中去。而且要提前安排好时间，要有经济上的准备。

🐾 发情期

春天到秋天的猫咪发情期

日照时间变长的春天到秋天是猫咪主要的发情期。猫咪每年会发情 4 次左右，2 月初属于最大的发情期。最近可能是因为黑白颠倒的人类生活导致家里猫咪的发情期也会发生错时，有些猫咪会在大冬天出现发情期。发情期一般会持续 1 个半月左右，如果其间没有进行交配怀孕就会停上 10 日左右，再开始发情。经常性的发情且不短的发情期就会让猫叫春更加令人难以忍受。如果猫叫春确实影响了你的生活起居，更影响了周围邻居的生活，就应该给猫咪做绝育手术。这其实也是对猫咪的一种爱的表现。

🐾 进行交配

猫咪的新房要在公猫的家里

母猫可以在出生 8 个月后怀孕，但交配时间最好安排在猫咪第二次发情后，即 1 岁多的时候。如果是家猫发情了，就要为猫咪准备交配新房，这个新房最好是在公猫家里，这是为了让公猫在交配时有更积极的表现。

为了提高受孕率，最好挑风流公猫进行交配

公猫比母猫年龄大、体型大且经验越多受孕率就越高。来到公猫家里的母猫会因为环境的变化和公猫气味的原因变得敏感。甚至会攻击闻到发情期母猫的气味而接近的公猫。如果公猫没有经验，可能母猫的一次反抗就让它意志消沉，躲到角落里不敢再尝试了。有经验的公猫会远远地先观察和等待不安的母猫适应环境的变化和公猫的气味，等母猫趴下上半身，且将尾巴抬向自己的身体，做好交配准备时，就爬到母猫身上咬紧母猫的颈部开始进行交配行为。

检查猫咪是否交配过

想检查母猫是否交配过，摸一下母猫的颈部就可以了。因为交配时公猫会咬住母猫的颈部，留下公猫的唾液，毛发也会硬硬的。

3~4 天的新婚阶段

做完一次交配，母猫就会完全躺下，并且在地板上不停磨蹭背部，重复接受公猫的姿势。按这样的状态让母猫与公猫待上 3~4 天后，再把母猫带回来即可。

母猫没有怀孕时

如果母猫没有怀孕，2~3 周后母猫又会发情。此时也要重复上面的交配过程，但考虑到这种情况，猫主应该在安排猫咪第一次怀孕时，事先协商好猫咪没有受孕时的第二次交配费用问题。一般交配费用根据品种会有所差异，家庭间的交配费一般会以送一只幼崽的方式来支付。

🐾 猫咪没有月经

猫咪是根据交配刺激排卵的交配排卵动物。其他动物需要遵守排卵时期进行交配，但猫咪不需要，猫咪算是拥有一个非常先进的受孕系统了。在交配过程中起刺激作用的是公猫生殖器上长出的突起物，因为它的刺激，母猫会在交配时发出怪声。交配后经过 24~48 小时，母猫的卵巢就开始排卵继而与精子完成受精。受精卵会在 12~14 天后着床在子宫上。

🐾 怀孕期也会有发情

猫咪的繁殖系统非常高效。没有怀孕的时候随时都可以发情，甚至怀孕的时候也会发情。如果在不同的发情期让母猫接触不同的公猫，就可能产出不同公猫的幼崽，这也是出现难产和畸形幼崽的原因。有 10% 左右的母猫会在怀孕 3~6 周时发情，所以母猫怀孕期间要严禁公猫接近母猫。母猫分娩后也会根据发情期的不同马上出现发情现象，所以此时也要严禁公猫接近。像野猫一般每年最多会经历 4 次怀孕和分娩，但家猫最好控制在每年最多 2 次，这样对猫咪的健康有好处。

10 怀孕和分娩

❧ 怀孕诊断

　　母猫在交配 2~3 周后没有发情现象，就很有可能怀孕了。猫咪是交配排卵动物，所以受孕率非常高。怀孕 25 天后可以通过超声波观察到幼猫心脏的形成，到 45 天的时候幼猫的骨头就会成形，就可以分辨出怀了几只幼崽了。在怀孕初期因为不会有明显的体重增加或腹部增大的现象，所以很难用肉眼判断猫咪是否怀孕。怀孕 3 周左右，猫咪的乳头会变成粉红色，猫咪的食欲也会减退。偶尔会有呕吐现象，这种孕吐现象会持续几天。

❧ 怀孕期间

怀孕中猫咪的症状

25 天
可通过超声波观察到幼崽的心脏。偶尔有呕吐的现象。

30~35 天
乳头会变成粉红色，乳房会明显变大，会变得娇气。

40 天
后腹部会明显变大。

45 天
给猫咪剃好生殖器周边和乳头周边的毛发，准备迎接猫咪的分娩。给猫咪喂食幼猫猫粮。可以通过放射线检查怀孕状态和幼崽数。

60 天
带着猫咪去动物医院检查猫咪的健康状态，经由超声波摄影确认胎儿数量，准备好幼猫产下后所需用的箱子数量。

管理怀孕猫咪的方法

❶ 因为猫咪的营养需求增加，必须换成幼猫用的饲料。市面上还有怀孕猫咪专用猫粮。选择使用哪个都无妨，但肥胖会导致难产，所以喂食的量不能比原来多很多。猫咪分娩后在母乳喂养的一个月里要继续喂食。

❷ 猫咪会增加对钙还有维生素的需求，所以给猫咪喂食一种左右的营养剂为好。像补钙，如果喂食过多有可能会导致猫咪出现结石，而且太早吃的话怀孕后期需求量又会增加，所以最好是从怀孕后期开始补钙，分娩后母乳喂养的一个月里要继续喂食。

❸ 如果怀孕中的猫咪有便秘，那应该是由于肠道受到幼崽们的压迫导致的，此时可以在猫粮里适当喷洒一些油状便秘药。如果是平时喜欢吃草的猫咪，可以为猫咪准备一些纤维类的食物。

❹ 要防止猫咪爬到高处，把猫咪睡觉的地方和玩具等都放在低处。

❺ 避免跟猫咪玩耍和拎起它。

🐾 分娩准备

分娩 1 周前开始准备

❶ 事先做好猫咪的分娩箱子。幼猫出生后也会在分娩箱中生活，所以箱子的空间要足够大。再给箱子上做好猫咪的出入门。可利用苹果箱或普通包装箱打扫干净后在里面铺一层软软的垫子，上面再铺一下纸垫。为应对分娩，纸垫要多准备几张。

❷ 分娩的箱子要安置在阴暗而又安静的地方。如果猫咪开始出入分娩箱子表示满意，就可以将猫咪厕所、饮水盘、猫粮盘都放到分娩箱附近，以尽量减少猫咪移动的距离。

❸ 猫咪分娩一周前一定要带着猫咪去一趟动物医院，检查一下猫咪的健康状况和幼崽的数量。如果是骨质晚成型的幼崽有可能不会在 45 天放射线检查中发现。

❹ 轻轻地清理猫咪肛门和生殖器、腹部的毛发。分娩时如果有毛发，会跟出血混在一起不卫生。要将乳头周边的毛发清理一下以便幼崽出生后可以顺利地找到母猫的乳头。

❺ 去药店买点消毒用酒精回来准备用在剪刀消毒上。准备干净的剪刀、线、纱布、纸垫、塑料手套、吹风机和热水袋。

❻ 为了应对突发的猫咪难产，事先了解好两家 24 小时动物医院门诊电话。这些动物医院一定要离家近，要提前跟医院预订好诊疗时间。

🐾 分娩当天的准备

❶ 如果猫咪变得很娇气，不吃食，总是找一些阴暗的地方躲起来或者进到分娩箱不出来，可能猫咪就快分娩了。

❷ 如果是野性强的猫咪会喜欢独处，如果是对主人依赖性很强的猫咪会喜欢待在主人身边。所以如果发觉猫咪的分娩临近了，就要尽量减少外出，或远远地观察等待，或陪在猫咪身边。

❸ 肚子开始阵痛，猫咪会开始低吟，呼吸会变得急促。阵痛间隔变短，猫咪会开始发力。

🐾 正常分娩

分娩时需要了解的常识

❶ 呼吸变得急促，猫咪开始发力，过 30 分钟 ~1 小时会产出第一只幼猫。如果是首次分娩，这个时间可能还要长一些。羊水破裂的同时会看到被半透明膜包裹着的幼猫的头。幼猫完全出来后胎盘会跟着出来。母猫会吃掉脐带，咬破薄膜后努力舔舐幼猫。

❷ 母猫在舔舐幼猫的时候第二只、第三只幼猫会出来，出来的幼猫会自己爬到母猫身上来吃奶。幼猫的出生间隔在 30 分钟 ~1 小时。

❸ 猫咪会吃掉整个胎盘。胎盘会作为猫咪哺乳时的营养源，但吃太多也会增加胃的压力，吃 1~2 个就足够了。

❹ 如果母猫不太熟练，猫主可以在旁边帮忙。戴上准备好的塑料手套，剥开半透明薄膜，使用酒精消过毒的剪刀剪断脐带。要将肚脐附近用线系上后剪下脐带，如果剪得太近，事后有可能会出血，所以留着 2cm 左右的长度剪断。即使长一点以后也会干了自动缩起。

❺ 母猫会用嘴巴吸小猫的鼻子，帮小猫清除身上的羊水。可以用准备好的纸垫包裹幼猫后搓搓颈背部进行刺激。

❻ 要事先提高房间的温度。幼猫出生后使用吹风机吹干毛发，让幼猫感觉温暖。刚出生的幼猫因为没有体温调节能力，如果母猫不抱着幼猫会出现低体温症甚至出现死亡。

❼ 要确认好出生的幼猫数量是否与 1 周前放射线检查的数量一致。如果分娩一周前没有做放射线检查确认幼猫的数量，要带着猫咪去医院确认猫咪是否分娩完。有时会有死胎留在猫咪体内的情况。

🐾 引导分娩

幼崽产出速度慢不一定就是难产。兽医师会通过超声波确认腹中胎儿的状态，再决定是要引导分娩还是进行剖宫产。如果需要剖宫产的时候，需要果断地做出决定。时间拖得太长，等到母猫体力耗尽的时候进行会增加麻醉危险度。

🐾 接生胎位不正的幼猫的方法

即使幼猫在被分娩时胎位不正，只要母猫可以正常收缩子宫危险就不会很大。但如果母猫的子宫收缩缓慢，幼猫被卡在产道上就有可能让幼猫出现窒息，此时就需要猫主帮上一把。但如果用力不当，很小的力量也足以让幼猫的颈部或脊椎断开，所以要配合母猫施力点用食用油等油类沾在子宫周围后一点点地将小猫取出。

什么时候应该去医院

● 猫咪在分娩前夕体温会下降，到分娩时会恢复到正常的体温，这是正常的现象。如果体温下降之后恢复到正常体温了，但还不见分娩的迹象就需要去医院看看了。

● 分娩的猫咪在2~3小时前就会从生殖器那里分泌出红褐色的分泌物，但如果幼猫迟迟不出来，就有可能是胎盘提前掉落让母猫和幼猫都处于危险境地，此时要送到医院进行救治了。

胎盘早期剥离

● 正常的情况下，胎盘会在幼猫产出后从子宫掉落。但如果胎盘在幼猫还没有出来时就从着床部位部分或完全脱落就是出现胎盘早期剥离了。这是怀孕后期出现出血的主要原因，严重的时候不但会导致幼猫死亡，且会出现血液凝固现象危及产猫的生命。出现胎盘早期剥离的原因很多。

● 出现分娩征兆2小时后如果还没有幼猫产出，或者2~4小时以上产猫出现微弱且不规则的震动情形时，有可能是出现胎盘早期剥离了。

● 产猫出现20~30分钟的强烈而持续的阵痛，但不见分娩征兆时也有可能出现胎盘早期剥离了。

● 当幼猫身体的一部分已进入产道，但始终不出来时也有可能是胎盘早期剥离。

● 有妊娠中毒症（全身症状的恶化、全身浮肿、休克等）时也有可能是胎盘早期剥离。

● 分娩出第一只幼猫，1~2小时以上都不见分娩下一只的征兆时也有可能是胎盘早期剥离。

11 分娩后的管理

🐾 对母猫的管理

生殖器出血

猫咪在分娩后会有3周以上时间持续排出体内的胎水和胎盘残留物，其中排出量最多的时期是分娩后第一周。如果猫咪排出红褐色的有恶臭的分泌物，或有持续性的出血量增加，再或者出现4周以上的分泌物排出现象，就应该到医院检查一下了。

无乳症

分娩后母猫不出乳的现象称为猫咪的无乳症。无乳症一般出现在剖宫产的猫咪或者初产的猫咪身上。这种症状是由于肾上腺素的过度分泌抑制了催产素的分泌导致的。一般会伴随不安和痛症，所以猫主要尽量稳定母猫的情绪，给母猫以像幼猫吸乳头一样的刺激，引导猫咪产生母乳。如果这样还不出乳，就需要治疗了。导致无乳症的其他原因有营养障碍、休克、乳房炎、子宫炎、全身性感染、内分泌异常等。

乳胀症

猫咪分娩后在乳房周围出现块状，乳房浮肿的现象叫乳胀症。摸起来发硬,有热感,猫咪会不安而有疼痛感。有时会有不出乳的情况，一般是在出乳太多或有乳头没有被幼猫吸吮时发生。为防止乳房浮肿，可以使用温毛巾温柔地进行按摩或引导幼猫吸吮没有吸吮过的乳头。如果情况严重，需要送到医院治疗。

🐾 幼猫的管理

幼猫的成长变化

7 天	开始睁开眼睛，但看不清楚。
10 天	耳朵开始可以听到
14 天	开始长乳齿
20~30 天	一点点开始移动想要爬出来。第四周开始就可以吃非乳性食物了。

喂初乳

　　猫咪分娩 3~5 天内分泌的母乳称作初乳，初乳里面含有丰富的蛋白质和脂肪，也含有幼猫必需的免疫成分。幼猫吃到初乳，体内产生出抗病毒性疾病的抗体。健康的产猫会抱着幼猫舔幼猫的身体，健康的幼猫也会自觉找到母猫的乳头自己吸奶。但是因为一次有多只猫咪降生，所以其中会有被淘汰的幼猫。母猫也会尽力照顾虚弱的幼猫，但如果母猫此时体力透支，可能会怠慢照顾幼猫的工作。如果虚弱的小猫没有得到母猫的及时照顾，此时就需要猫主伸出援手。要尽力引导母猫照顾虚弱的幼崽，引导虚弱的幼崽吸到初乳，但如果实际状况不理想，就需要猫主直接给虚弱的幼崽喂食初乳。

喂食人工初乳、奶粉

　　如果因为种种原因某些幼崽没有吃到母初乳，那猫主可以给幼崽喂食动物医院提供的人工初乳至少 3 天左右。3 天以后就可以给幼猫喂食专用奶粉。有些人会问是否可以喂食普通奶粉或牛奶，但考虑到刚出生时给猫咪喂食的初乳和奶粉都会成为猫咪以后健康成长的基石，一定要给猫咪喂食专用初乳和奶粉。从动物医院买来猫咪专用奶瓶，在吸口处划出十字口，就可以将出奶量控制在猫咪需要的剂量内。如果直接用剪刀剪出一个口，那出奶量会太多，如果用针扎出一个小口，出奶量又会太少。冲完奶粉后将奶瓶搁在热水中 5 分钟左右，让奶瓶内的奶水变温。将奶瓶中的奶滴一滴到手背上，感觉一下温度是否跟体温差不多，如果差不多就可以给猫咪喂食了。喂食的间隔控制在 3~4 小时，从喂食 30ml 开始逐渐增加喂食量，到出生后 4 周左右的时候喂食量一般在 60ml 左右。

喂食奶粉的方法

幼猫死亡的其中一个原因是猫主们给幼猫喂奶时，让猫咪躺着喝奶。躺着给猫咪喂奶，有可能会堵塞猫咪的气管出现危险。让猫咪趴着吃奶对猫咪来讲最安全也最舒服。5 分钟后可以轻轻拍拍和抚摸猫咪的背部，助猫咪打嗝出来。

※ 让猫咪像婴儿一样躺着吃奶是非常危险的.　　※ 让猫咪趴着吃奶最为安全

引导猫咪排便

给幼猫喂奶后大概过 1 小时，用柔软的布或纱布浸一下温水再轻轻擦一下猫咪的肛门和尿道附近，会起到跟母猫给幼猫舔肛门引导排便一样的效果。幼猫刚出生的时候是不会排便的，所以初期给幼猫多引导几次，幼猫就会慢慢开始自己排便了。有些时候这种引导排便的工作要做到第 4 周。

从喂奶转变到喂猫粮的方法

给猫咪喂奶一个月左右后，猫咪会自己舔食牛奶。此时可以在猫盘里放入温奶给猫咪喂食，以后就慢慢在奶油里添加一些猫粮给猫咪喂食。可以直接将猫粮浸在奶水中，也可以搅拌弄成奶粥状给猫咪喂食。如果猫咪喜欢吃加进来的猫粮，可以从出生 50 天后，直接给猫咪喂食猫粮。每只猫咪在成长发育上都有所不同，所以猫主们需要观察猫咪的成长状况，再决定下一步的喂食计划。

12 可以传染到人身上的猫咪疾病

🐾 不同动物之间一般不会传染疾病——宿主特性

猫咪如果得了肠道炎会出现严重的呕吐，加上一天数十次的便中带血的腹泻。还会因为不吃东西，身体变得骨瘦如柴，最终会因身体虚弱死去。当然这是根本没有给猫咪治疗的极端状况。如果说这种疾病会感染到人类身上，即使你非常喜欢猫咪，估计你也会退避三舍的。猫咪白血病、猫咪艾滋、猫咪腹膜炎等大部分猫咪的疾病虽然是病毒性疾病，但只会在猫咪之间传播。如果是细小病毒肠炎有可能因为病毒变异，猫的肠炎会传染到狗身上，但其他的传染病都不会从猫身上传染到狗身上，所以在动物医院，狗狗进到原来猫咪住过院的地方还是安全的。这种动物之间不互相传播疾病的原因就是"宿主特性（host specific ity）"。宿主特性不同的动物之间一般是不互相传播疾病的，但有时病毒变异会让宿主特性产生变化。其中变异能力最强的病毒是流感病毒。

🐾 有些疾病是人类和动物都可以感染的——人兽共患传染病

人类和动物都可以被传染的疾病叫作"人兽共患传染病（zoonosis）"。像疯牛病、炭疽、非典 (SARS)、狂犬病、禽流感、甲型流感病毒等都是威胁人类生命的非常危险的病毒。以前仅在局部地区流行的这种病毒，因为人类的海外旅行、国家间的交流扩散到了全世界。人兽共患传染病是未来需要我们解决的大问题。所以防疫和检疫对于一个国家来讲，可谓是保证国民安全的一个非常重要的工作。

🐾 猫咪可以传染给人类的疾病

真菌症

原因   目前地球上已发现的真菌有 7 万多种，其中有 300 多种可传染到人类和动物身上，其中还有 10 种左右会引发真菌性疾病，这些大部分都是人兽共患传染病的病原体。不同的真菌其传染路径和症状都会不同，但猫咪一般是通过食用发霉的猫粮，在潮湿而又不卫生的环境中，与感染动物接触等路径感染真菌疾病的。

症状   可以通过内部脏器或肺路感染，但主要是通过感染皮肤，在头部、颈部、腿部出现圆形脱毛症状。对于健康人来讲，真菌感染不算是可怕的疾病，但对酒精中毒、艾滋病、肥胖症、糖尿病、维生素 B 缺乏症、恶性肿瘤等免疫力低下的患者来说，真菌感染会成为危险的疾病，所以这类免疫力低下的人群要尽量避免接触到真菌。

预防与治疗   使用聚乙烯吡啶酮等消毒药治疗有很好的消毒效果，使用抗真菌剂效果也很好。只要治疗及时，真菌感染对于一般健康人不算是一个可怕的疾病。

外部寄生虫

原因   外部寄生虫是寄生在动物或人类身上的节肢型动物，它们会将人兽共患传染病原体带过来进行感染。人兽共患外部寄生虫里有跳蚤、蚊子、苍蝇、螨虫等。

症状   通过吸入血液引起瘙痒症、丘疹、疹子、皮肤炎症、脓包等。

预防与治疗   外部寄生虫可通过简单的措施进行预防。尽量不使用难以清扫的地毯，经常换洗被子、沙发、床褥等。平时多多注意房间卫生，如果一个月做一次驱虫预防效果会很好。

内部寄生虫

原因   我们把原生单细胞动物和蠕虫统称为内部寄生虫。其种类有弓形虫和蛔虫等。弓形虫病被认为是猫传染的疾病，但很多情况是通过食用牛、猪、羊的生肉感染的。蛔虫的虫卵会通过排便排出，在自然界中遇到合适的温度和湿度会转变为感染子虫。它会感染到人类，侵入肠道黏膜，经过右心室、肺动脉进入小肠内寄生下来。

症状   感染了弓形虫的人如果没有症状就说明体内有抗体，所以怀孕也没有什么影响，但没被感染过的人在怀孕初期如果感染了弓形虫，就有可能会影响胎儿的正常发育。被蛔虫感染的话会表现出腹痛、肠道闭塞、咳嗽、呼吸困难等症状。

预防与治疗   弓形虫病的预防是每天要戴上手套清理猫咪的便，还有避免给猫咪喂食生肉拌的食物，这样就可以有效地预防弓形虫病。如果是蛔虫病就要格外处理好被感染动物的便，蛔虫病可使用驱虫剂治愈。每个月要给猫和狗驱一次虫，这样动物安全，帮动物收拾便的宠物主也安全。

巴尔通体病（猫抓病）

原因   由多种巴尔通体细菌引起的疾病，主要通过昆虫、感染动物与人的接触过程中的抓伤传染。

症状   败血症、心内膜炎、艾滋患者会出现神经性症状。美国每年有 2.5 万多例的猫抓病报告，但韩国国内还没有被报告过。感染的猫咪一般没有特别症状，也不会引起其他家畜的疾病。如果人被感染会出现局部性淋巴结炎。

预防与治疗 猫咪间主要都是因为跳蚤而互相传染。所以每个月要给猫咪做一次彻底的外部寄生虫驱虫。健康的成人如果感染其症状较为轻微，大部分会自然治愈，需要治疗者，也只需一般性的抗炎症和止痛治疗即可。但有些时候也会出现病变部位化脓，2~3个月不见好转的迹象。特别是免疫力低下的患者就需要持续性的留意和治疗。

巴斯德氏菌感染

原因   巴斯德氏菌感染是指牛、猪、羊等动物被细菌感染后出现的呼吸道疾病。狗和猫作为媒介会将此细菌传染给人类。

症状   症状可能会出现在消化系统上。被感染动物咬伤会出现皮肤发红、肿胀等症状，很少出现较严重的症状。但免疫力低下的糖尿病患者，有肝脏系统疾病的患者或者老人可能会发展成严重的病症，需要格外注意与感染动物的接触。

预防与治疗 如果猫主人或家庭成员中有呼吸道疾病的患者或其他免疫力低下的患者，就要避免与猫咪同睡在一个被子下。猫咪携带巴斯德氏菌的概率，口腔中是 100%，指甲上是 20%~25%。所以免疫力低下的人要避免与猫咪亲嘴的动作，有感冒等呼吸道疾病症状时需要事先向医院说明家里养猫咪的事实，再接受医院的治疗。

13 应急处治方法

带着养育自己儿女一样的心情

养猫的人要像养孩子的人一样时刻注意着。烧开水的时候要先把猫咪关到猫咪屋里，不让猫咪接近厨房，外出时要关好门窗再出门等。如果是出远门委托其他人照顾猫咪，就需要把这一切都嘱咐给被委托人。因为不了解猫咪的人可能并不知道猫咪会轻易地爬上比自己高很多的台阶或高处。有可能误吞异物的未满1岁的猫咪尤其要时刻小心看护才行。

应对紧急情况的方法

我们有必要事先了解猫咪出现突发状况时的应急措施。大部分的动物医院会在晚上8~10点关门，所以猫主们需要额外关注24小时门诊的动物医院以备突发状况。还有考虑到万一，24小时门诊医院可以再多找一家以备份。像都市地区的话，24小时门诊动物医院还比较多，但到了其他地方，24小时门诊的动物医院会相对少很多，所以这些医院的联系电话和地址一定要事先记到容易查到的地方。

当需要将猫咪紧急送往医院时，出于爱护，有些猫主并不会把猫咪放到移动屋里，而是怀抱着猫咪去医院，这个做法使不得。因为怀抱猫咪赶往医院的途中，如果猫咪跳出去，反而会有发生事故的危险。所以一定要将猫咪放到移动屋后再送到医院来才好。在到达医院前最好事先与兽医师联系说明猫咪的病症和目前状态，以便让兽医师提前准备处治方案，也能为尽快治疗好猫咪争取更多的时间。

🐾 应急处治的方法

人工呼吸

如果猫咪从高处摔下来或者淹到了水里，猫咪的呼吸突然停止，就要马上送到动物医院进行有氧治疗。如果条件不允许就要给猫咪进行人工呼吸。

> **猫咪的人工呼吸**
>
> ❶ 将猫咪侧卧；
>
> ❷ 挡住嘴，从猫咪的鼻孔吹入气；
>
> ❸ 吹入气的时候确认猫咪的胸部是否有浮起，吹入 3 秒钟左右，停一下，再吹入 3 秒钟再停顿一下，这样反复进行到猫咪恢复呼吸为止。

心脏按摩

猫咪被水淹或触电时要检查一下猫咪是否有呼吸，再把手放到心脏处检查心脏是否在跳动。如果心脏没有跳动的迹象，要马上把猫咪送到动物医院抢救，但如果条件来不及，可以尝试心脏按摩的方法。

猫咪的心脏按摩方法
❶ 将猫咪侧卧；
❷ 用右手托住猫咪的背，左手托住猫咪的胸骨，用拇指和食指使劲按压 1~2 次，第 3 次的时候放松；
❸ 将第 ❷ 步的动作重复 30 次左右；
❹ 第 30 次时同时做人工呼吸。

猫咪被水淹时

抓住猫咪的后腿，完全提起猫咪后，张开猫咪的嘴，让其将灌进去的水吐出来。然后给猫咪做人工呼吸和心脏按摩后马上送到动物医院。

中暑

猫咪对热非常敏感。夏天即使将猫咪留在车里一小会儿，猫咪可能就会中暑发热或者已经死亡了。都是转眼间发生的危险状况。如果猫咪因为中暑发热而气喘吁吁，就用冷水浸泡过的毛巾包裹住猫咪的全身。多准备几块毛巾换着给猫咪降温。使用冰袋或者向猫咪身上喷洒酒精也可以快速降低猫咪的体表温度。之后要把猫咪送到动物医院进行输液补充体液。

猫咪粘上捕鼠贴时

有些时候猫咪会粘在为抓老鼠而设置的捕鼠贴上动弹不得。这时就要用到家里的豆油或者食用油了。将豆油或者食用油涂到猫咪身上后，一根一根地将粘上的毛发弄下来，再给猫咪洗个澡。

烫伤

用冷水冲洗患部直到患部冷却下来。烫伤是伴随着痛症和感染的严重病症，一定要马上用灭菌纱布将患部包扎后送到动物医院进行治疗。如果是轻微的烫伤，猫咪没有痛症，使用芦荟胶反复涂抹进行护理，就会达到治疗的效果。

被咬伤或被扎伤出血时

使用家里的碘酒消毒液进行消毒后，用纱布按紧患部止血。如果是轻微的抓伤，可消毒后涂上软膏盖上纱布后用绷带进行包扎，过 2~3 日患部就会开始痊愈。但是被咬或被扎的时候即使伤得再轻，也要考虑到破伤风的危险，要及时把猫咪送到动物医院进行诊治。如果出血厉害，就要在距离出血处 2~3cm 位置用绷带绑紧进行止血，然后送到动物医院进行进一步处治。

交通事故和骨折

经历交通事故或者从高处跌落骨折的猫咪会因为严重的疼痛变得非常敏感，以至于连猫主也不让触碰。这个时候可以用厚的毛毯裹住猫咪，抱住离伤患处远的部位将猫咪放到箱子里，然后送到动物医院为好。如果是简单的骨折，可以先试用筷子等木条固定住骨折区域防止其错位，但很多情况下猫咪都不会允许这么做。所以猫咪放到箱子里之后，要尽量让猫咪稳定下来不再乱动，再将其送往医院治疗。

尹博士 搞定捕鼠贴，只要有豆油就 OK！

这还是我当夜班时候的事情。有一次见到一只猫咪因为粘到蟑螂屋里的粘贴胶，惊慌打滚弄得粘贴胶全身都是被送到医院来。那时我就用了豆油将毛发一根一根弄下来。当时猫咪的主人被吓得不知所措地跑过来求救，其实只要知道这个窍门，用家里的豆油自己就可以搞定了。所以猫主们以后碰到这样的问题也可以用豆油轻松解决噢。

触电时

拯救触电中的猫咪首先要拔掉电源，千万不能触碰触电中的猫咪。切断电源后看猫咪的状态，如果严重就要给猫咪做心脏按摩和人工呼吸再送到医院治疗。

在肛门发现线状物

猫咪喜欢玩线状物体，玩耍的时候也有直接吞掉的，这些吞掉的线状物就成了诊疗上所谓的"线状异物"。一些坚硬的线状物会损伤猫咪的肠道。幸运的时候，会看见这些线状物出现在肛门处，此时千万不要生拉硬拽这些线状物，有可能会损伤猫咪的肠道。轻轻地拉一下，如果不出来，就要放弃，送到医院再治疗。

猫咪紧急救治箱物品目录

为猫咪准备一个紧急救治箱，会在猫咪受伤的时候应对自如。需要准备的药品包括碘酒消毒药、灭菌纱布、医疗用胶带、绷带等。

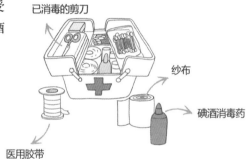

已消毒的剪刀

纱布

碘酒消毒药

医用胶带

动物医院的检查项目

🐾 检查的必要性

从诊治不能说话的患者的角度来说，兽医师有点像小儿科医生。婴儿的父母要么 24 小时看护小孩，要么已经从婴儿看护人那里听取到婴儿的状态，所以会比较了解自己孩子的情况。但猫咪的看护人一般大多数平时要上班或者外出，下班回来后只有几小时与猫咪共处，所以很多时候猫主们不太清楚猫咪到底发生了什么事情。加上猫咪本身的野性驱使，这种动物善于隐藏自己的病患。因为在野外，病患或者虚弱的动物会成为敌人的目标。

猫咪一般是疾患发展到一定程度才向主人寻求帮助。兽医师在接诊的时候虽然也会做触诊、目诊和问诊，但仅通过这些想弄清楚猫咪出现的问题真的不太容易。加上高昂的检测费用，兽医师很容易被猫主们误以为是为了赚钱才检查。从 2011 年开始，韩国又开始征收动物医院诊疗费的附加价值税，所以又加剧了猫主们负担的诊疗费。这些都是导致医患关系紧张的原因。但是不管是兽医师还是宠物主，想要救活病危中的宠物的心情和愿望是一致的。作为合格的猫主，有必要事先了解一下哪些情况需要哪些方面的检查，这样有助于缓解医生与猫主之间的误会，也有利于杜绝个别医院做没必要的检查的错误行为。

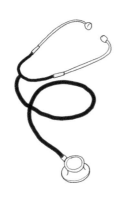

🐾 一般动物医院可以做的检测项目

显微镜检查

检查理由　　兽医师需要做显微镜检查大概有三种情况。第一种情况是，针对腹泻或胃肠疾患做的便检。通过显微镜，医师可以发现便中的细菌或原虫，医师会根据便检的结果制定治疗方案。第二种情况是针对耳病或皮肤病取样到载玻片进行染色，检查皮肤病的原因是霉菌性的还是细菌性的。第三种情况是提取血液涂抹后检查红血球、白血球、血小板的样子和数量。显微镜检查因为检测范围广，费用不高，不需要给猫咪进行麻醉，所以显微镜在动物医院中是属于相当有用的检查设备。

检查方法　　将样品（排便样品、皮肤角质样品等）放到载玻片上直接观察或染色后观察。

X 光检查

检查理由　　对胃肠、生殖器疾病的判断，骨折、脱臼的判断，心脏和肺器情况的判断，外伤的判断，牙齿检查，恶性肿瘤转移与否的检查等都需要进行人光检查。人光的检查范围比较广。除了初期诊断阶段外，在整形外科、心脏、呼吸器官或者肿瘤疾病的治疗过程中也需要通过人光检查确认治疗过程。

检查方法　　检查方法简单，不需要麻醉或者开刀，费用适中，是动物医院优先选择人光检查的方式。通过人光检查可以缩小诊断的范围，但为了确诊还需要进行超声波检查或血液检查。有些猫主担心放射线的影响，需要经常给病患做人光检查的兽医师和护士要穿专门的防护服，但对患猫来说仅几次的射线辐射不会对身体产生影响。

超声波检查

检查理由　　在动物医院，超声波检查最常用在动物的怀孕诊断上。猫咪怀孕 25 天后就可通过超声波检查，检测到幼猫的心脏，放射线检查需要等到幼猫 45 天后，骨头形成了才能检查出来幼猫。所以在怀孕幼猫检查方面，超声波检查要明显优于放射线检查。超声波检查在检查结石方面也是非常有用的检查方式。因为很多时候，通过放射线看不清楚的结石会在超声波检查中呈现出明显的白色区域。超声波检查在腹部脏器和心脏疾患的诊断上也非常有用，经常是作为放射线检查的辅助手段使用。特别是心脏疾病，因为可以直接观察到心脏的跳动情况，可以检查出放射线检查不出来的疾患。

检查方法　　是不需要麻醉，不需要开刀的简便的检查方式。只需在阴暗的场所做检查来保证超声波的阴影能看清楚即可。检查的时候要尽量让猫咪安定下来，不动弹。

造影检查

检查理由　是放射线检查的辅助检查方法。一般的放射线检查无法确认肠道黏膜或内腔的实际状况，所以此时事先给猫咪喂食造影剂后，再通过造影剂的帮助，放射线检查就可以检查出相关部位的情况了。造影检查最常用在诊断体内异物和闭塞类疾病上。普通的放射线检查只能检查出金属或骨头等，像猫咪容易误吞的果核、橡皮、布条等是几乎检查不出来的。但如果得到造影剂的帮助，就可以通过追踪造影剂的流动检查出肠道闭塞的位置，确诊病患制定诊疗方案。

检查方法　给猫咪喂食造影剂后以一定间隔连续照相，观察造影剂在体内的流动状况。所以短则 2~3 小时，长则一天的检查时间内会照出 4~6 张放射线照片。

各种试剂盒检测

检查理由　与其他检查方法不同，试剂盒检查不需要特别的设备，检测方法简单，还有检测时间快等特点。是动物医院检测中经常使用的检测方法。猫咪的试剂盒要比狗的试剂盒种类少很多。目前韩国国内引进并使用的试剂盒检测也只有猫咪泛白血球减少症、FIV/FeLV 组合试剂盒（猫咪白血病和猫咪艾滋）、HW/FIV/FeLV 三联试剂盒、抗体检查试剂盒等。

血清检查

检查理由　检测设备价格高昂，也是最近动物医院使用很广泛的检测设备。血清检查可以准确判断无法用语言交流的动物的状态，检查出潜在的疾病，确认诊疗效果和手术后的动物状态并可以提供给宠物主客观而又科学的数据。

检查方法　从动物的颈部或前腿部抽出血液经过离心分离后，利用各个项目的试剂盒运行血液检测设备。危急和患疑难病症的动物会相应增加此检测项目。

血球检查

检查理由　被称作 CBC 的血球检测是伴随着血液检查进行的动物医院最普遍的检测方式。是经常采用的检测方法之一。应用于怀疑疾病的诊断、身体状态的检查、检查治疗结果、健康诊断和麻醉前检查等多个方面。

检查方法　从动物的颈部或者前腿部提取血液，移到血液皿中使用检测设备进行检查。

尿检测

检测理由　　尿液检查在针对肾脏机能、尿道器官异常、糖尿病等全身异常疾病的检查中是必需的检测项目。通过尿液检查可以掌握尿液的 PH 值，尿液中的蛋白质、血液、糖、酮等的存在，还应用在检测红血球、白血球、上皮细胞、尿圆柱、细菌等。尿检测最好是与其他检测并行进行，是一种不需要专业设备的简便的检测方法，应用范围广。

检测方法　　尿液检测需要尿液样本的提取。将猫咪弄躺后在做超声波检查时，使用注射器从膀胱抽取尿液可以得到未污染的尿液样本。

🐾 在二级医院可以做的检测项目

CT（电脑断层照相法，Computed Tomography）

检查理由　　CT 可以清楚地识别骨组织和软组织，完全摒除了重叠干扰。即以前放射线检查时显示模糊的影像都能显示得非常清晰。虽然不用开刀，但动物需要被麻醉。所以如果是体力透支的动物，麻醉时可能会有危险，且因为设备昂贵，其检测费用也很高，因此只有在一部分大型的医院才可以进行这项检查。

检查方法　　将动物麻醉后，在动物不动的情况下进行 CT 照相。

MRI（核磁共振成像，Magnetic Resonance Imaging）

检查理由　　确诊脊椎或脑等神经系统疾病的尖端检测设备。其具有的可识别体内软组织内部的能力应用于识别脊髓、心脏、肺、脑等所有内部脏器的软组织异常，还用于软骨、腱、肌肉等韧带的识别检查上。

检查方法　　跟 CT 一样也不需要开刀，但需要事先全身麻醉才能做检查。

🐾 麻醉前检查

　　麻醉医师在给动物进行麻醉前需要做各种检查确认动物的身体状况，这就是麻醉前检查或叫作手术前检查。越多的检查项目可以让医师得到越多的信息，但因为涉及费用问题，医师会通过判断，尽可能地只进行必要的检查。如果猫咪是高龄且有疾患的时候，需要进行包括胸部放射线检查、血液检查、血球检查、尿检查等的所有检测项目，如果猫咪比较年轻就会做包括肝和肾脏检查在内的最少项目的检查。

检查理由　　　麻醉医师通过麻醉前检查可以事先做好麻醉后的突发事件的应对，也会根据麻醉前检查了解猫咪的身体状况以选择合适的麻醉剂和剂量。通过麻醉前检查猫主也可以从麻醉医师那里得到猫咪的实际健康状况。如果在麻醉前检查中发现异常的项目，需要取消手术，解决异常后才能再准备手术。或许有人会认为猫咪的麻醉前检查没有必要，但为确保猫咪的正常手术和了解猫咪的实际健康状况也是有必要的。

检查方法　　　基本术前检查一般会检查全身情况，针对解毒器官肝和肾脏做血清检查。即 TP、Alb、GOT、GPT、BUN、Cre6 个检测项目是最基本的术前检查项目。在此基础上可能也会增加血球检查以了解贫血、炎症、蛋白质异常等状况，如果是高龄动物，需要增加胸部放射线检查。

　　　　　　　完全的术前检查项目指血球检查、尿液检查、血清化学检查的所有检测项目和胸部放射线检查等。

卢博士　世上没有安全的麻醉药，只有优秀的麻醉医师

　　上面的一句话是我在大学读兽医课程时，麻醉学教科书封面上印着的句子。随着人类科学文明的发展，有很多新型的麻醉剂也不断被开发出来。但所有的麻醉剂用多了都是毒，使用得适当才可以确保安全。所以进行麻醉时，麻醉医师的精神集中力和患者的健康状态是麻醉成败的最重要因素。

　　麻醉医师会通过麻醉前的检查了解动物的各种身体健康状况。但因为更多的检测项目会产生更多的费用，所以麻醉医师会尽量精简检测项目。

　　在诊疗过程中，在我给猫咪做进一步检查时，很多猫主会说"我的猫咪从来没有病过，不用做检查"。有些猫主会认为检测项目越多，医师的收入也会越高。但麻醉前的检查对于应对麻醉后的突发状况是非常重要的准备，这是会危及猫咪生命的重要问题。所以为猫咪治疗时也需要猫主们了解相关的检测常识，来判断和接受兽医师的正确建议。

15 猫咪的营养学

🐾 营养学的基础

人类和猫、狗因为各自有不同的生理学特点，所以其对应的营养学也不同。如果不知道这点，宠物主们很可能误认为人类所需的就是猫狗所需的，进而会影响猫狗的健康。人类作为杂食生物味觉非常发达，但猫狗却不同。

人类、猫和狗的营养学差异

猫咪与人类相比对蛋白质的需求量会更高，对碳水化合物的需求量会少很多。人因为味蕾的数量多所以可以感受到多样的味道，但猫咪的味蕾数量就不多，反而嗅觉细胞的数量会多出很多，所以猫咪相比味道更注重气味。气味会刺激猫咪的食欲，所以感冒的时候，要注意猫咪的鼻腔畅通，也要喂食气味更浓的猫粮。人类喜欢吃的冰淇淋、饼干等食物并非是猫咪感兴趣的食物。猫咪小肠的长度和胃都较小，所以消化能力相对低下。如果突然更换饲料会让猫咪产生胃肠道不适的反应。

食物	人	狗	猫
	杂食	半肉食	肉食
碳水化合物需求	60%~65%	很少	很少
蛋白质需求	8%~12%	20%~40%	25%~40%
脂肪需求	25%~30%	10%~65%	15%~45%
消化器官与体重的重量比	11%	2.7%（大型犬），7%（小型犬）	2.8%~3.5%
嗅觉细胞数量	500万~2000万	7000万~2.2亿	6000万~6500万
味蕾数量	9000个	1700个	500个
咀嚼时间	咀嚼时间长	有一些咀嚼时间	几乎不咀嚼
唾液中的消化酶	有	无	无
胃容积	1.3L	0.5~0.8L	0.3L
小肠的长度	6~6.5m	1.7~6m	1~1.7m
大肠的长度	1.5m	0.3~1m	0.3~0.4m

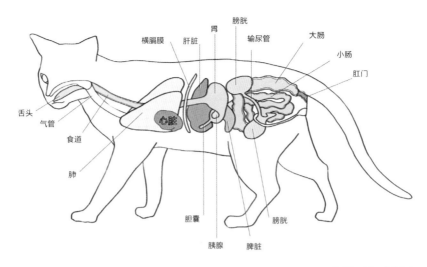

膀胱
胃
横膈膜　肝脏　　　输尿管　　大肠
　　　　　　　　　　　　　　　　　小肠
　　　　　　　　　　　　　　　　　肛门
舌头
气管
食道
肺
　　　　胆囊　　　　　　　膀胱
　　　胰腺　　脾脏

※ 猫咪有30颗牙齿,牙齿的撕裂功能要强于咀嚼功能。大部分的食物会不经咀嚼直接吞入胃里,猫咪的胃有很强的伸缩力,
　　适合消化块儿状食物。猫咪的小肠长度短不适合消化碳水化合物。猫咪相比其他动物胃容积和消化肠道的长度都小,
　　所以食物突然变化会让猫咪出现消化不良现象。

🐾 猫咪的营养学特征

肉食动物所具有的生理器官的大小和样子跟人类的
生理器官是很不一样的。下颌的主要功能不是咀嚼而是
切断食物用的,唾液中不含有消化酶,胃适合消化直接
吞下去的食物,肠道的长度很短,所以不适合谷物类食
物的消化。越是体型大的动物其肠道的长度越短。猫咪
会直接将脂肪作为能量源,所以没有所谓的胆固醇相关
的问题。

猫咪的消化器官特点

1 猫咪吃东西会不尝味道吞下食物。
2 食物会以块状直接进入猫咪的胃里。
3 消化会很快完成,不适合肉食动物的
　食物大部分不会被消化。

🐾 猫咪对什么味道有反应

猫咪可以感受酸味、苦味、咸味、甜味,但感受甜
味的受体未被激活几乎没有功能。所以给猫咪喂食冰淇
淋等行为不仅对猫咪很危险,更不会让猫咪感到幸福。
还有其他的通过合成甜味剂制作的食物对猫咪也没有什
么好处。

😺 营养素的作用

碳水化合物

淀粉 **特点**：经过充分的烘烤后才能让猫、狗消化吸收。否则会因为微生物的原因导致猫、狗的腹泻。淀粉含量过多时会超过猫咪的胃所能消化的极限。

体内作用：提供能源

纤维素 **特点**：根据动物的配比按照适当的比率调和后供给的话可以预防和治疗动物的肥胖、糖尿病、便秘或者腹泻等病症。

体内作用：如果是不易消化的非水溶性纤维素（Cellulose，木质素）会在肠内起到帮助机械消化的作用。水溶性纤维素(果胶等)则在消化道的健康和卫生方面起重要作用。

低聚果糖 **特点**：预防消化道内病原性微生物导致的感染性腹泻，在大肠中会给肠细胞提供能量防止细胞萎缩。过量时，排出的便颜色会变深。

体内作用：通过发酵在大肠内直接提供能量。通过发酵会促进有利于消化道器官的正常细菌丛（双歧杆菌和乳酸菌）的生长。而且会抑制病原性微生物的繁殖，促进营养素的消化和吸收。

糖 **特点**：如果食物中含有过量糖分会导致猫咪腹泻，长时间过量摄取会导致猫咪肥胖和患糖尿病。

体内作用：乳糖（Lactose）会给幼猫迅速提供能量，但前提是有乳糖酶的帮助。但乳糖酶会在猫咪断奶时消失，所以之后猫咪就无法正常消化奶制品了。从此时开始，猫咪就感受不到甜味，会从蛋白质自觉合成血液中的葡萄糖。所以从此时开始，糖分对猫咪就没有什么营养价值了。

脂肪

油脂 **特点**：给猫咪提供能量和必需脂肪酸，但过量会导致肥胖。

体内作用：提供最多的能量。也是必需脂肪酸的构成细胞或生成荷尔蒙的必要元素（Precursor）。

脂肪酸
Omega-3 **特点**：对老龄动物，患有关节炎、肾衰竭、皮肤病、感染性腹泻等慢性疾患的动物起重要作用。

体内作用：有抗炎症作用，抑制化学炎症因子的合成。强化动物的活动性，抑制老龄动物的脑退化。

脂肪酸
Omega-6 **特点**：猫咪体内无法合成的必需脂肪酸。存在于植物油里的营养素，只存在于植物中。老龄化的猫咪因为没有转换成 γ－亚麻酸的酶，所以 Omega-6 脂肪酸尤其重要。

体内作用：对与荷尔蒙活动相关的前列腺素的合成至关重要。对猫咪的皮肤健康、皮毛的润泽度和动物的生殖器官有积极影响。

蛋白质

氨基酸 **特点**：蛋白质需要由 20 种氨基酸构成，其中的 8~10 种氨基酸，猫咪必须要从食物中摄取。其他氨基酸猫咪生理上可以自己合成。

体内作用：在猫咪体内合成各种必需的蛋白质。

必需氨基酸 **特点**：精氨酸、亮氨酸、赖氨酸、蛋氨酸、色氨酸、酪氨酸等氨基酸是猫咪体内无法自己合成的氨基酸，需要通过食物摄取。

体内作用：帮助生成维持生命所需的蛋白质。

肉碱 **特点**：在猫咪体内帮助燃烧脂肪，给细胞提供能量。猫咪体内可以合成，但患病时或出现生理问题时，可能合成不出足额的量，所以有必要从食物中摄取。肝脏会自己合成，食物中肉类食物含有很多肉碱成分。

体内作用：肉碱缺乏可能会让猫咪出现心脏疾患。游离体内的脂肪将肉碱送入血管中，所以如果是肥胖猫咪就需要在食物中添加肉碱成分以防止脂肪积聚在猫咪的肝脏中。

酪蛋白 **特点**：是从牛奶中提取的蛋白质，有 99% 的高消化吸收率。

体内作用：给猫咪体内供应有助于正常发育，毛发光亮，肌肉发达，免疫力增强的必需氨基酸。对于刚断奶需要补充营养的猫咪、消化系统有问题的猫咪、在治疗恢复期的猫咪来说，都是非常有效的营养素。有助于肥胖治疗、骨骼强化和巩固齿周。

胶原 **特点**：是组成肌腱、筋膜、滑液鞘、软骨和骨基质等结合组织的重要构成成分。

体内作用：胶原的赖氨酸、色氨酸的含量低，无法完全满足猫、狗所需的所有必需氨基酸。属于不完全蛋白质。

牛磺酸 **特点**：可预防严重的心脏疾病——充血性心肌病。狗可以在体内合成牛磺酸，猫咪需要从含有牛磺酸的食物中摄取这种必需氨基酸。

体内作用：用于肝脏合成胆汁。牛磺酸可控制细胞内外钙的移动，通过这个会影响到心脏的功能，可抑制活性氧的产生，是延缓衰老的抗氧化剂。

酪氨酸 **特点**：在牛奶和乳制品中富含的营养素，而植物中则是在米的含量中很高。有助于预防肉食动物的赤毛症。

体内作用：产生甲状腺荷尔蒙，合成肾上腺素。在黑色素皮毛沉积等环节中有重要作用。

矿物质

钙 **特点**：钙缺乏时会出现骨质疏松，过量摄取时会出现钙沉积。

体内作用：是组成骨质的基本要素，与磷配合让骨骼更加坚固。在神经系统和细胞间起传达信息的作用。

螯合物　　**特点：**属于天然有机物，由碳水化合物或蛋白质组成。可在体内运送矿物质。

　　　　　　体内作用：提高微量元素的吸收率，促进消化。未螯合化的矿物质吸收率为 30%，螯合化的矿物质吸收率为 70%。

钴　　　　**特点：**微量无机物成分。

　　　　　　体内作用：是维生素 B12 的组成成分，在血液中促进血红蛋白的生成，是抗贫血因子。

铜　　　　**特点：**微量无机物成分。

　　　　　　体内作用：与叶酸、铁、维生素 B12 一起同为抗贫血因子。在体内与铁一起作用，促进肠道吸收，帮助铁与血红蛋白相结合。

碘　　　　**特点：**微量无机物成分。

　　　　　　体内作用：是甲状腺荷尔蒙的构成物质，碘缺乏会出现甲状腺肿胀。

镁　　　　**特点：**猫咪体内需要较多量的镁成分。但镁摄取过多，镁成分会在膀胱内与其他矿物质结合引起尿道闭塞症，镁缺乏会让猫咪出现神经障碍。

　　　　　　体内作用：是组成骨骼的物质，使骨骼更加坚固。是神经系统正常运行的必要物质，也有助于体内能量生成环节。

锰　　　　**特点：**微量无机物成分。

　　　　　　体内作用：是骨骼和关节软骨形成中必要的成分。

磷　　　　**特点：**如果配合钙的摄取比例补充磷会促进猫咪生长，强化身体机能。但对于老龄猫咪会使慢性肾衰竭恶化，所以需要有限补充磷。

钾　　　　**特点：**大量的无机物成分。猫咪在腹泻时会流失体内的钾。如果猫咪有心脏疾患、肾脏疾患，需要调整食物中的钾含量。

　　　　　　体内作用：与细胞的能量代谢有关，在保持细胞内外电解质均衡上起重要作用。

钠　　　　**特点：**大量的无机物成分。猫咪因为不怎么流汗，所以摄取过多会积聚到体内。如果猫咪有心脏疾患，需要限制钠的摄取。

　　　　　　体内作用：维持细胞内外的渗透压，在细胞的能量代谢中产生重要作用。通过让猫咪感觉渴和产生尿液调节体内的水分平衡。

硫黄　　　**特点：**大量的无机物成分。

　　　　　　体内作用：硫黄在与毛发生成相关的角蛋白合成中起重要作用。所以与猫咪毛发的润泽有关联。

锌　　　　**特点：**微量无机物成分。

　　　　　　体内作用：与伤口治愈和再生相关，帮助猫咪有一身美丽的毛发。

🐾 营养学成分含量表

| 营养素 | 最少成分含量 | | 最多成分含量 | 营养素 | 最少成分含量 | | 最多成分含量 |
	怀孕、哺乳、成长期	成年猫			怀孕、哺乳、成长期	成年猫	
蛋白质	30%	26%		维生素 D	750IU/kg	500IU/kg	20000IU/kg
脂肪	9.0%	9.0%		维生素 E	30IU/kg	30IU/kg	
钙	1.0%	0.6%		维生素 K	0.1mg/kg	0.1mg/kg	
磷	0.8%	0.5%		硫胺	5mg/kg	5mg/kg	
钾	0.6%	0.6%		核黄素	4mg/kg	4mg/kg	
钠	0.2%	0.2%		泛酸	5mg/kg	5mg/kg	
氯	0.3%	0.3%		烟酸	60mg/kg	60mg/kg	
镁	0.08%	0.08%		吡哆醇	4mg/kg	4mg/kg	
铁	80mg/kg	80mg/kg		叶酸	0.8mg/kg	0.8mg/kg	
铜	15mg/kg	5mg/kg		维生素 H	0.07mg/kg	0.07mg/kg	
锰	7.5mg/kg	7.5mg/kg		维生素 B_{12}	20ug/kg	20ug/kg	
锌	75mg/kg	75mg/kg	2000mg/kg	胆碱	2.4g/kg	2.4g/kg	
碘	0.35mg/kg	0.35mg/kg		牛磺酸	0.1mg/kg	0.1mg/kg	
硒	0.1mg/kg	0.1mg/kg		维生素 A	9000IU/kg	5000IU/kg	750000IU/kg

脂溶性维生素 A、维生素 D 和锌有最大含量，摄取量不能超过最大含量。牛磺酸是猫咪生存中必需的氨基酸。

🐾 包装纸上注明的原料陷阱

为了给猫咪喂食营养均衡的食物，需要查看猫粮包装上注明的原料成分，更要注意查看各营养素比例的构成。要了解为什么含有 25% 瘦肉的饲料只会有 4%~5% 的蛋白质。法律上规定，动物饲料制造公司需要在制作饲料前，先按照原料的重量顺序列出原料表。像瘦肉原料因为含有很多水分所以重量上会比较重，自然在原料表中就排在了前面，也因为在原料表中排在了前面，所以很容易让人认为是饲料的主要原料。

瘦肉在制作成饲料的过程中会在制作主原料之前或者之后添加进去。含有 25% 羊肉的原料如果是在制作成颗粒的过程之前添加的话，那么羊肉中 75% 左右的水分会蒸发掉，所以饲料制作完成后饲料中实际只剩下 4%~5% 的羊肉蛋白质。而在这种饲料中，即使实际上是加入 20% 的豆和米、15% 的水、10% 的鸡脂肪、10% 的植物油的话，那饲料公司也会在包装上用大字体标示该饲料的主要成分是羊肉。但实际上这种饲料中只含有 4%~5% 的羊肉蛋白质，分析发现其实谷物才是这种饲料最多的原料。

16 猫咪的死亡

🐾 宠物的死亡, 失去宠物

因动物的死亡而感到悲伤常常会无法让人获得理解。对于没有养过宠物的人来说，宠物的死亡就像是一个物件的消失一样，他们会认为为宠物伤心的人太懦弱。甚至有人不理解，花钱再买就可以的东西至于这么悲伤吗？但是对于养宠物的人来说，失去宠物就像失去亲人一样痛苦。有时候会因此而严重影响日常生活。因为认为为自己的宠物悲伤的人只有自己，反而会让宠物主更加地伤心。这种悲伤情绪大概会经历不敢面对宠物离去的否认阶段、想通过领养新的宠物或其他民间疗法治疗伤痛的自我尝试阶段、向其他家庭成员或医院工作人员发怒的愤怒阶段、拒绝接触其他人，无法正常工作、睡觉、吃饭的悲观阶段。特别是有纪念意义的、有重要回忆的宠物的离去，本来可以预防但因为自己的疏忽错过治疗时期的、自己无法负担高额医疗费用才致宠物死亡的，或者因突发事件导致宠物突然死亡的等情况更会让宠物主们悲伤万分。

🐾 为离别做的准备

因为事故而突然死亡的宠物，会让宠物主措手不及，悲痛万分。但一般的家猫都是因为年龄的增长，器官老化或者疾病导致死亡的。如果从兽医师那里得到"留给宠物的时间不多了"的通告时，宠物主们就要做好接受心爱的宠物离去的准备。是让宠物在医院中离开这个世界，还是让宠物与家人一起在家度过最后时光都需要跟兽医师沟通决定好。

🐾 准备葬礼

面对宠物死亡的宠物主们经常不知道怎么处理已离去的宠物。处理死亡宠物的方法有三种。一个是将宠物埋到自己挑选的地方，另一种是处理尸体的方式，还有一种是委托葬礼公司举行葬礼。埋到山里面或者自己的院子里是以前通用的做法，但因为属于遗弃尸体的非法行为，所以最好不要这样做。将宠物送到动物医院按重量计费

委托的话，动物医院会暂时冷冻尸体，等专门的公司过来处理尸体。这种方法所需费用低廉，但很多宠物主认为这样对宠物不太尊重。另外一种就是为宠物火葬。费用会比处理尸体的方式贵3~4倍，但葬礼公司会安排正式的葬礼，如果宠物主有事不能参加，葬礼公司会将相关葬礼细节的照片发邮件给宠物主。宠物主会在火葬宠物1~2天后收到宠物的骨灰盒，有些人会把骨灰撒到山里面或者江河中，还有些人会花钱将骨灰盒进行保存。

🐾 战胜悲伤的方法

既然领养了宠物就要面对宠物的死亡，这是自然规律。猫咪的寿命一般只有15年左右。喜欢养宠物的人至少会经历一次自己心爱的宠物离去。有些宠物主因为过度悲伤会下决心不再领养宠物。其实没有这个必要。要把意义放在跟宠物一起时的幸福时刻和温暖的回忆上。养宠物可以学到的不光是无条件的爱护和责任感，更多的是面对宠物死亡的人生经验。经历着自己宠物的死亡，虽然会非常痛苦，但你会明白其实死亡是生活的一部分，会竭尽所能让宠物离去前感觉到幸福。所以不要总沉浸在悲伤中，要记着之前快乐的回忆，感谢之前宠物的陪伴，还要倾听宠物离开前最后的声音。

战胜失去宠物的悲伤大概需要半年的时间。如果你有一个多月都沉浸在悲伤中无法自拔，那你就要去看看医生。战胜失去宠物的悲伤最好办法是从事遗弃猫服务活动或者跟遗弃猫建立起新的缘分。给予被世界遗弃的生命以温暖，会让你跟宠物建立起新的美好回忆，不知不觉中会让你原来悲伤的心情得到治愈。

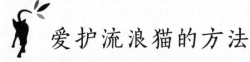

爱护流浪猫的方法

流浪猫的管理方案，TNR

　　起初是因为抓老鼠的能力而出现在人类社会的猫咪因为其强大的繁殖能力，现在快被沦落为小偷猫了。

　　跟都市里的不速之客流浪猫打交道已经不是一两天的事了。猫咪作为领地动物，即使我们通过抓猫器、撒鼠药等手段暂时治理了某一区域的猫患，但没过多久又会有其他地区的猫咪跑到这里，这就是所谓的"真空效果"。

　　猫咪能在 2 个月的怀孕期后繁殖 4~6 只猫咪。而且猫咪一年可以怀孕 4 次，甚至有些猫咪一年可以生产出 24 只新猫咪。这些新生的猫咪到了 6~8 个月大时又会开始自己的繁殖。按照这种推算，猫咪的种群扩大的速度是呈几何级数增长的。理论上一对猫咪 6 年后可以扩充为 42 万只猫咪。看到猫咪这么强大的繁殖能力就不难理解为什么在外面寒冷、饥饿还有传染病威胁的恶劣环境下，猫的数量不见减少了。

　　TNR 管理方案是为了解决城市流浪猫问题而引入的最人道的一种流浪猫管理方案。TNR 流浪猫管理方案其实就是市、区管理部门指定动物医院和动物保护团体捕获城市中的流浪猫后，给其做绝育手术再放回的方案。市、区管理部门会对指定的动物医院和动物保护团体提供相应的资金支持。被捕获的猫咪在指定动物医院做完绝育手术，经过 48 小时的身体恢复后就会被放回到原来生活过的地方。被 TNR 方案治理过的猫咪会按照国际标示法剪去左耳尖部0.9cm 左右。通过这种管理方案，不但可以抑制猫咪的过度繁殖，还可以减少猫咪因为发情发出的猫叫春声音，猫咪的性格也会变得温驯许多。

什么是 TNR?
是 Trap，Neuter，Return 的缩略词，就是捕获、绝育、放回的意思。

　　TNR 刚启动时也有人认为"捕获的猫咪可以直接安乐死，为什么还要放回？这不是资金浪费吗？"但 TNR 执行 3 年下来，这种人性的管理方案被认为是最能被动物保护组织和市民所接受的。

　　其实 TNR 管理方案所需的费用与安乐死的费用相差不多。根据首尔市的报告，在 TNR 流浪猫管理方案实施这 3 年来，对流浪猫相关的民怨在对噪声和恐惧方面分别减少了。

遗弃猫服务活动

参加遗弃猫服务活动可通过两种途径。一种途径是给流浪猫提供食物，减少流浪猫翻垃圾箱而影响市民的正常生活，给流浪猫做绝育手术，抑制流浪猫的过度繁殖。这种方式大多是小规模的活动，大型的团体参与较少。还有一种途径是在遗弃动物保护所参加服务活动，你可以在网上报名参加遗弃猫服务活动同趣会，在约定好的时间参加流浪猫服务活动。你可以直接参与活动，如果时间不允许，也可以给活动捐出一些必要的物品。服务活动的内容主要是给遗弃动物洗澡，清理耳朵，打扫遗弃动物保护所的卫生等。如果是猫咪就不用给其另外洗澡，只要打扫完保护所的卫生后，跟猫咪玩一下就可以了。个人也不用负担太多的费用。其实遗弃动物需要的不是高级饲料，而是可以让它们维持生存的地方和基本的食物，还有就是我们的爱护了。

遗弃猫狗相关网站

http://www.animalsasia.org/
亚洲动物基金

http://www.csapa.org/webroot/
中国小动物保护协会

http://bbs.movshow.com/forum-18-1.html
猫咪有约——流浪动物领养

http://www.pohome.cn
汪汪喵呜孤儿院

http://www.luckycats.net/
幸运土猫

  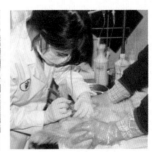

Minky 失踪记

　　脚趾都懒得动弹甚至转个身都懒得动的我的"懒蛋" Minky 不知道是不是因为懒，到现在还没有给我惹出大的麻烦。在与 Minky 共处的平静日子里，倒是发生过一次很让我担心的事件——Minky 的走失事件。

　　每次我出去晾衣服或者酷夏打开门通风的时候，Minky 就会爬出去。渐渐我也有了找 Minky 回来的一些经验了。Minky 出去后一般不会跑远，大部分都是要么窝在别人家的门口，要么就在天台上。最初不清楚 Minky 走向的时候，我也曾地毯式地扫荡了整个社区，但后来只要 Minky 走失了，我就首先上天台看一下，如果没有，我就查找周边的邻居家门口，不久就会把 Minky 找回来。Minky 虽然有出门看看的好奇心，但这家伙胆小又懒，所以不会跑远的。

　　但有一天，我怎么也找不到 Minky 了。那天我正忙于搬家，突然发现 Minky 找不到了。明明记得我把 Minky 放进了移动屋里的，但移动屋里确实是空空的。我不得不暂停了搬家，开始找 Minky。

　　如果说重新找回自己走失的狗如同找回自己不知放到哪里的眼镜的话，找回走失的猫咪就相当于找自己不知道放哪里的隐型眼镜了。狗狗因为相比猫咪要容易被看到，所以找着找着就会有人说在哪在哪看见狗狗了，但猫咪不一样。猫咪喜欢躲着人移动，很难被人察觉。那天我问遍了几乎我们社区所有的人，但就

是没人见过灰色的波斯猫——我的 Minky。

　　找着找着到傍晚了，想到"我找不到 Minky 了，Minky 就这样离开我了吗？"我的眼泪哗啦啦就下来了。我自暴自弃地回到了家，突然听见"喵"的声音。循着声音找过去，好家伙，原来 Minky 在洗手池的底下待着呢，已经被灰尘弄得脏兮兮的。

　　其实洗手池底下是用木板挡住了的。木板之间有一条拳头大小的缝隙，Minky 像学了瑜伽似的硬是挤进了这个比它的头还小的缝隙里。为了把 Minky 弄出来，我不得不把木板全部拆下来，抱着被灰尘弄得脏兮兮的 Minky，不知道我那天流了多少安慰和感动的泪水。

　　租房族的我之后也搬了好几次家，经历了那次 Minky 失踪后，每次搬家我要么先把 Minky 送到父母家里，要么就把 Minky 抱进移动屋放在安静的地方，再开始收拾东西搬家。

　　搬家对于猫咪来说是不容易的事情。特别是整理东西时一定要注意不要让猫咪走失。观察周边猫咪走失的情景，有一些是几天之后猫咪自己回家，但猫咪要么患了传染病或皮肤病，要么骨折或者有化脓感染等。更严重的是猫咪如果走失是很难找回来的，大部分就那样走失在外面了。经历那次 Minky 的失踪后，我就给 Minky 挂上了名牌，怕真找不见了。

　　像搬家这种大的移动会给猫咪一些压力，搬过去的新环境也会让猫咪感到不适应。此时帮猫咪减轻不适应感的方法是尽量将猫咪的东西安排成与原来一样的布局，各个地方喷洒一些费洛蒙或者猫薄荷之类的，这样有助于猫咪尽快适应新的环境。

Minky
我们家的可爱成员

遗弃动物的故事

保护遗弃动物让我激动

在我还在二级医院当实习兽医师的时候，我的主要工作就是负责遗弃犬和遗弃猫。虽然管理遗弃犬和遗弃猫的工作是诊疗经验还不够的实习兽医师的分内事，但这些工作也让我的实习生活变得更有意义。作为兽医师诊疗病痛中的动物，让它们康复确实是有意义的事情，但这些事情只要你是兽医师都会做。但作为遗弃犬、遗弃猫的负责人，帮它们找到新的主人，避免它们被安乐死的命运就像是给它们以新的生命一样有意义。

给遗弃犬和遗弃猫找新主人是让人激动又符合我性格的事。夏天，遗弃犬多得连接受诊治的位置都没有，我值夜班的时候会把这些遗弃犬、遗弃猫放出来，让它们尽情在医院里活动。我知道我的这种行为很奇怪，但让遗弃猫、遗弃犬出来活动，我也会轻松很多，好像近期的工作和生活压力全部都烟消云散了。我本来在遗弃狗中算是没有人气的一个人，猫咪中还算可以，但经过我的这些努力，遗弃狗们最喜欢跟着我了。可能就因为它们这么依赖我，每次当没有找到新的主人而不得不送它们去保护所时，我的心就像被刀扎了。遗弃犬能本能地闻出保护所工作人员的气味。每次他们快要到的时候，还没有等到他们开门，遗弃犬们就会狂叫不停。当你看到它们预感自己的死亡而哀叫的情形，你就会切身感受到狗的灵性，也更加哀伤。

虽然我的工作环境中遗弃猫和遗弃犬多得数不过来，但我非常喜欢它们。如果把这些可怜的动物都收养起来的话，那我可能也会成为以前电视节目《TV动物农场》里介绍的那位与100只遗弃犬生活在集装箱里的奇人了。所以每次我都无法鼓起勇气不让它们被送到保护所。

领养遗弃动物，对个人、对社会都是很好的事情

我曾经工作的动物医院是政府TNR遗弃动物管理方案指定的医院，所以收养的遗弃猫也非常多。当我们把遗弃猫的免费供收养的信息发到网上时，有的人甚至不远几百公里赶过来要收养猫咪。那时给他们安排收养猫咪也是我的分内工作。

有一次是一位有名的漫画家来收养了一只猫咪，但没过几天因为那只猫咪总是在夜里窜来窜去让他实在无法专心工作，他又还了回来。虽然当时我为那只猫咪感到惋惜，但我也能理解那位漫画家不得已的心境。但是过了几天后，那位漫画家又来到了我们医院。他说他每天晚上做梦都会梦见猫咪，让他无法控制，所以他过来恳求我们再让他把猫咪带回去。这次我让他写了一份不反悔保证书，才让他把猫咪带了回去。当然，那位漫画家确实也没再把猫咪送回来过。

还有些来认养遗弃动物的家庭是所有成员一起到医院来认养动物回家的。认养遗弃猫和遗弃狗不但会给家里孩子的生活添加乐趣，更有助于从小培养孩子的责任心和爱心。我小的时候因为妈妈特别不喜欢养动物，所以我的童年里没有与动物共处的回忆。有些时候在想，如果我小的时候有一只宠物陪伴在身边，我的童年应该会有更多有趣的回忆的。我想以后我肯定会给我的孩子童年生活增加宠物伙伴，让他的童年有更多乐宠回忆。

我期待遗弃动物的保护现状能有所改善

如果你了解了瑞典斯德哥尔摩的遗弃猫保护体系，你就会被他们完备的保护体系震惊。每只遗弃猫会有单独的空间，有些房间甚至会有电视。据说这是为了让它们预先适应人类家庭环境中的各种声音，以便它们在被领养之后，可以更快地适应新的环境。瑞典还有遗弃动物园。这是专门放养遗弃动物的场所，人们在逛动物园的过程中，就可以领养回自己喜欢的遗弃动物。

遗弃动物的问题直接关系到它们的生命。因为一旦它们的主人没有出现，或者没有被新主人领养，它们就可能面临安乐死的境地。希望政府有更多的遗弃动物政策和相关补贴，社会上对遗弃动物的认识能有大的改善，不再发生不得不安乐死遗弃动物的事件。

Part 4 猫咪的疾病

肥胖猫咪

🐾 肥胖的严重性

很多猫主不认为自己的猫咪肥胖。大部分的猫主都会看着自己猫咪鼓鼓的肚子和褶皱的肚皮,认为这是他们让猫咪寝食无忧的成果,认为猫咪的体格更健壮了,也比瘦瘦的猫咪可爱多了。其实根据美国、欧洲等发达国家的数据来看,访问动物医院的猫咪中有30%~35%存在偏胖或者肥胖,猫龄在5~10年的猫咪中有约50%的猫咪偏胖或者肥胖。体重如果超过正常体重10%就属于偏胖,如果超过正常体重20%就属于肥胖了。

🐾 与肥胖相关的疾病

与肥胖相关的疾病有糖尿病、高血压、肿瘤、胰腺炎、脂肪肝、尿石症、肌肉骨骼类疾患、难产和麻醉及手术综合征等。以8~12岁的中年猫咪来说,据统计正常体重猫咪的存活率在83%左右,肥胖猫咪的存活率在53%左右,极度偏瘦的猫咪的存活率在43%左右。根据这个统计结果可以看出,保持猫咪正常的体重是保持猫咪健康、延长寿命很重要的一个因素。

🐾 肥胖的原因

高脂肪食物和不喜欢活动是猫咪肥胖的主要原因,对于公猫来讲,绝育手术也是导致肥胖的主要原因。绝育会导致猫咪基本代谢率降低,虽然还没有明确论证,但随着生殖荷尔蒙的消失,导致体内对脂肪的代谢能力的变化和肝脏的热生产能力变化都应该是原因。能确认的是做完绝育手术的公猫会有体重增加的现象,所以尤其要做好体重控制。

😺 应该给猫咪喂食多少猫粮

猫主们在平时碰到的首要问题是应该给猫咪喂食多少猫粮。一般来说猫咪会控制自己的饮食量，所以可以自由供应。观察猫咪每天的食量，以后按照这个食量给猫咪喂食就可以了。但原来在室外捕猎的猫咪如果改到在家里养，猫咪就会出现体内能量调节失衡，从而出现肥胖症状。特别是做了绝育手术后，这种现象更加明显。先充足供应再观察猫咪食量来调整的方法在这种情况下就不适用了。这个时候猫主们就要预先了解猫咪大概的食量再进行喂食，如果有剩餐一定要果断处理掉。

😺 我的猫咪肥胖吗

原来以为猫脸眼部鼓鼓的模样非常可爱，医院的医生和护士却可能会说猫咪肥胖，此时估计很多猫主都会不知所措了。那到底怎样才算是猫咪肥胖呢？

BCS(Body Condition Score) 是判断肥胖和低体重程度的基准。它分为 1~5 等级，3 级为最标准状态。通过观察猫咪肋骨周围、腹部和俯看的方式来判断是哪个等级。有些长毛的猫咪虽然乍看外观难以判断，但也可以通过抚摸肋骨和腹部等进行判断。所以即使猫咪非常想吃猫粮，也一定要按照 3 级 BCS 的目标进行喂食才行。

卢博士 动物寿命说明

人上了年纪后因为活动量减少，代谢量减退，如果还按照以前的饭量来饮食就会出现发福的症状。猫咪也是一样的。所以 7~8 岁之后的猫咪会更易出现肥胖。大龄猫咪的卡路里需求会比原来平均下降 20% 左右，所以相应地也要控制猫粮的供应量。但也不能不管三七二十一就给猫咪做减肥，要以增长肌肉和控制体重为目标给猫咪制定相应的生食方案。肥胖的猫咪如果受到外部环境压力不吃东西，会让体内脂肪向肝脏移动导致猫咪患脂肪肝。所以控制好猫咪平时的体重很重要，而且如果猫咪出现 24 小时不吃东西的现象，就应该马上带猫咪到医院检查一下。总之平时控制好猫咪的体重对猫咪的健康是非常重要的。

😺 肥胖度的测定

测定肥胖度的最普遍的方法是 BCS(Body Condition Score) 方法。

等级	图片	肥胖率	基准
1 等级 （消瘦）	非常瘦的猫咪	-40%	肋骨明显露出，肌肉明显不足。腹部的曲线尖尖的。
2 等级 （瘦）	偏瘦的猫咪	-40%~-20%	虽然有薄薄的一层脂肪覆盖，但肋骨摸起来明显，背部可以明显看到脊椎骨，腹部只有很少的脂肪。
3 等级 （适当）	普通猫咪	正常	肋骨、骨盆骨、脊椎骨等都被适当的脂肪覆盖，可以很容易摸到相应的骨骼。腹部有很少的脂肪。
4 等级 （偏胖）	偏胖的猫咪	+20%~40%	不容易摸到肋骨，有明显的腹部鼓起。
5 级 （肥胖）	超肥胖猫咪	+40%	基本上摸不到肋骨，背、腿和脸部都有肥胖症状。俯看是体型明显向两侧扩展。

狗狗分为小型犬、中型犬和大型犬，其体重也差别很大，但猫咪则不同。不同品种的猫咪其体重差异并不明显。按照品种区分体重大致如下：

暹罗猫	→	2.5~4kg
波斯猫	→	3~6kg
英国短毛猫	→	4~7kg
挪威森林猫	→	3~9kg
缅因库恩猫	→	5~10kg

但仅根据上面的数据，正常体重的范围太宽泛，很难准确判断猫咪的肥胖程度。计算猫咪肥胖度的公式如下：

Fat%=1.5×（在肋骨处测定的身体周长 cm− 从膝盖到后脚跟的长度 cm）−9

根据这个公式计算出的肥胖指数如果超过 30 就代表肥胖，需要接受治疗了。例如一只猫咪肋骨处测定的身体周长为 42cm，小腿（膝盖到脚后跟的距离）长度为 18cm，则肥胖指数等于 1.5×(42−18)−9=27，即该猫咪的肥胖指数为 27，还不算肥胖。

🐾 猫咪的标准体重计算方法

例如一只重 6.5kg 的 BCS 等级为 5 级的猫咪，其标准体重计算为 6.5/1.4=4.64，即该猫咪的标准体重为 4.64kg；如一只猫咪体重 5.45kg，BCS 等级为 4.5 级，则该猫咪的标准体重为 5.45/1.3=4.19，即 4.19kg 是该猫咪的标准体重。

肥胖等级 (BCS)		肥胖率 (overweight)		标准体重计算方法
3	→	0%	→	体重 /1
3.5	→	10%	→	体重 /1.1
4	→	20%	→	体重 /1.2
4.5	→	30%	→	体重 /1.3
5	→	40%	→	体重 /1.4

那么我们以猫咪中最普遍的 3.5 等级为例看一下。肥胖等级的判定因为需要用眼睛观察，用手抚摸确认，所以为防止过多主观的判断，需要得到专业兽医师的指导。假设有一只 BCS3.5 等级，4.3kg 的猫咪。按照上面的计算公式计算，该猫咪的标准体重应为 4.3/1.1=3.9kg。那么对应 3.9 公斤标准体重的猫粮热量是多少呢？根据下一页的基本能量需求公式，用猫咪的平均体重乘以 55 就可以得到。如果想给猫咪减减肥，那就要乘更小一点的数了。按照营养学家提供的公式，如果是 BCS3.5~4 等级的想要减肥的猫咪应该乘以 30，BCS4.5~5 等级应该乘以 35。此例中的这只猫咪因为肥胖等级是 BCS3.5 等级，所以体重 3.9kg 乘以 30 就需要 117kcal 的热量。每克对应的热量一般都会标示到猫粮包装的背面，所以猫主可以根据这个数据来调整猫咪的喂食量。

🐾 开始减肥

❶ 一周减掉目标体重的 1%。如果减得太快，猫咪有可能会得糖尿病；

❷ 猫粮最好选择低碳水化合物、包含高纤维的处方式猫粮；

❸ 每天要让猫咪运动 20 分钟左右。使用猫咪喜欢的玩具来增加猫咪的运动量；

❹ 如果体重还没有减少，反而有所增加，就要怀疑猫咪是不是得了甲状腺功能低下或者肾上腺皮质功能亢进等疾病了。需要找兽医师进行身体检查；

❺ 猫咪达到标准体重后也要注意保持体重，要每两周检查一次体重。

猫粮供应量计算方法

1. 消瘦　　　2. 偏瘦型猫咪　　　3. 适中型猫咪　　　4. 偏胖型猫咪　　　5. 肥胖型猫咪

需要事先掌握的公式

基本能量需求 (Resting Energy Requirement)

动物在非活动状态下所需的基本能量需求

● 按 40× 体重 kcal 来计算；

1 天活动所需能量 (Daily Energy Requirement)

动物活动所需的能量。老龄猫咪，幼猫，哺乳期间的猫咪，绝育、疾患中的猫咪各有不同需求量。

● 相对安静的猫咪 50× 体重 kcal

● 活跃的猫咪 60× 体重 kcal

● 非常活跃的猫咪 70× 体重 kcal

● 平均 55× 体重 kcal

40？50？60？70？

可将这些数字当成既定公式。这些都是动物营养学家们研究多种猫咪，分析其平均值后得出的公式。

正在减肥的猫咪

3.5~4 等级：30x 体重 kcal

4.5~5 等级：35x 体重 kcal

营养素热量

● 碳水化合物 1 克对应 4kcal　● 蛋白质 1 克对应 4kcal　● 脂肪 1 克对应 9kcal

猫粮供给量计算方法

🅠 体重为 3.5kg 的 Minky 吃碳水化合物 30%，蛋白质 30%，脂肪 20% 的猫粮。那 Minky 所需的猫粮供给量应该是多少呢？

🅐 Minky 在家也不怎么动弹。所以 Minky 应该是属于相对安静的猫咪了。根据一日活动所需热量公式会得出 50×3.5kg=175kcal 的计算结果。即 Minky 需要 175kcal 的饲料。

根据营养素热量公式，每克碳水化合物能提供 4kcal，每克蛋白质能提供 4kcal，每克脂肪能提供 9kcal。所以 Minky 的猫粮平均每克能提供 30×4+30×4+20×9=420kcal/100g，即 4.2kcal 的热量。

🅠 那这种平均 1 克能提供 4.2kcal 热量的猫粮，如果要给 Minky 提供 175kcal 的热量，我应该给 Minky 喂食多少这种猫粮呢？

🅐 1g:4.2kcal=Minky 所需饲料量 (g)：175kcal

175kcal/4.2kcal= 约 42g

所以我应该给 Minky 喂食 42 克左右的猫粮。

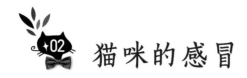

猫咪的感冒

😺 猫咪的眼病是感冒症状

养猫咪的过程中最常见的疾病就是猫咪的眼病。两只或一只眼睛流着眼泪睁不开眼睛或者充血导致猫咪入院的情况比较多。

猫咪的眼病恰巧是猫咪感冒的一种症状。猫咪会被疱疹病毒、萼状病毒、鹦鹉病披衣菌感染出现呼吸道疾病。疱疹病毒感染会出现打喷嚏等上呼吸道症状和结膜炎，萼状病毒感染会出现口腔溃疡和结膜炎，鹦鹉病披衣菌感染也会出现结膜炎等主要症状。所以猫咪感冒的时候一般都会出现眼病的症状。其中疱疹病毒和萼状病毒感染占感冒的90%，鹦鹉病披衣菌感染占感冒的10%。这其中也有很多是两种以上的病毒感染引起的感冒。

目前还没有诊断病毒的试剂和快速检测方法，而且很多感冒都是因为病毒复合感染引起的，所以临床上也没有太好的办法能区分病毒。但因为结膜炎、流眼泪、流鼻涕、打喷嚏、口腔溃疡等原因入院的猫咪，医院倒是可以对症下药。幸运的是这种病只要不是2次感染转变为肺部疾患，大部分都可以治愈且不会有后遗症。

但治疗时间会长到4~6周，还有复发的可能，且发过病的猫咪会成为病菌携带体。即恢复的猫咪如果怀孕生产，有可能出现幼猫出生时就已全部感染了病原体。但即使是病菌携带者，只要接种疫苗，也能减少其发病的可能性。

有些猫主会认为猫咪的感冒传给了自己，其实猫咪的呼吸道疾病不会传染给不同宿主特性的人类身上，所以大可不必忧虑。

😺 4种疫苗对猫咪是必需的

包含呼吸道疾病疫苗的综合四合一疫苗是抚养猫咪的人必须给猫咪接种的疫苗。从猫咪9周大时开始接种疫苗，每隔3周一次，总共3次。之后只需一年接种一次就可以了。这种疫苗可能会在接种1~3周后让猫咪出现四肢关节和肌肉的疼痛（疫苗副作用），但这种痛症会自行消失，所以不必担心。

🐾 猫咪的感冒治疗

猫咪感冒一般会使用抗生素、口腔消毒、眼睛软膏等方法治疗，严重的时候需要输液治疗，甚至会加上供氧治疗。需要明白的是，感冒如果是单种病毒感染引起的，持续时间一般就在 7~10 天，但如果是复合病毒性感染，其持续时间可能就长到 4~6 周。

很多时候猫主们以为感冒治愈得慢，所以带着猫咪在各个医院中转来转去，到最后在大医院病好的话，就会认为"还是大医院厉害"。其实各个医院对猫咪开出的药方是大致相同的，只是这时大医院是刚好碰上了猫咪感冒的痊愈期了。最近我遇到的一个病例就是，猫咪的一只眼睛因为老流泪出现了结膜浮肿，猫的主人说给猫咪试了很多种药就是不见好转。我试着给猫咪换了一下抗生素，观察一段时间后，猫咪就好了。

让猫咪的感冒尽快好起来的技巧

- 猫咪在感冒的时候除了眼病之外，通常都会伴随流鼻涕的症状。这时如果不及时给猫咪擦掉鼻涕，就可能会使猫咪的鼻腔堵塞。如果鼻腔堵塞就会让以闻气味刺激食欲的猫咪出现食欲不振。不吃东西就会加速猫咪身上的脱水症状。此时需要马上带猫咪到医院输液以补充体力。

- 给猫咪擦鼻涕时，可以顺便给猫咪滴入含有抗生素成分的眼药水。还可以用注射器给猫咪的鼻腔内注入生理盐水。这个方法也能改善猫咪的流鼻涕。

- 去动物医院的话，会得到两种左右的眼药。眼药一般是需要每天滴入 4~5 次，需要记住的是相对重要的眼药要后滴入。如果猫咪眼红，发炎症状较重，就要后滴入有抗生素成分的眼药。滴入两种眼药时需要间隔 5 分钟左右，以避免两种药物互相影响。

- 给猫咪吃了药，打了针，但第二天可能症状会更加严重。这时有些人会怀疑兽医师的能力，但这其实是猫咪恢复需要一定的时间而已。如果猫咪可以正常吃东西，正常生活，那可能是猫主无微不至的关怀比药力发挥了更大的作用。如果过了一段时间猫咪不见好转，可以向宠物医生咨询，尝试着换一换治疗药的种类。

- 给猫咪上眼药的时候要给猫咪戴上伊丽莎白头套。一般来说如果给猫咪上了很多次眼药还不见效，十有八九是猫咪老是抓眼睛的原因。所以给猫咪戴上伊丽莎白头套可以有效防止猫咪抓眼睛的行为。但有时头套戴得太紧反而会让猫咪在头套夹的地方出现皮肤炎症，所以给猫咪夹头套时以能伸进两只手指为好。

猫咪的泛白血球减少症

🐾 猫咪的细小病毒

猫咪的细小病毒 (Feline Parvo Virus) 又称为"泛白"，是猫咪泛白血球减少症的简称。被细小病毒感染的话，猫咪血液中的白血球会迅速减少。猫咪的细小病毒感染是仅次于感冒的最常见的疾病之一。但很多人只知道狗有细小病毒感染，却不知猫也有这类病。还有人误认为细小病毒感染是由于肮脏的环境造成的。其实只要是猫咪就有可能感染细小病毒。

🐾 猫咪的细小病毒感染

猫咪的细小病毒感染是从狗的细小病毒变异而来的。狗的细小病毒有 CPV-1 和 CPV-2 两种，而猫的细小病毒有 FPV。其中 CPV-2 型细小病毒可以在狗和猫的身上共同传播。

卢博士 猫咪细小病毒感染的治疗

我当上兽医师之后接触最多的疾病应该是细小病毒感染，但细小病毒感染也是最难诊疗的一种疾病。兽医师不能给感染细小病毒的猫咪主人太大的期望值，同时也不能太打击猫主。因为相对于昂贵的治疗费用，细小病毒感染的存活率很低。我也从来没有一定能治好细小病毒感染动物的信心，但有时真会出现奇迹。最近我接诊的细小病毒感染患猫是一只叫作"贝尔"的猫咪。起初，我怀疑贝尔是因为压力导致了胃肠道炎、肝部疾患、胰腺疾患，也按照这个思路给贝尔做的治疗，但症状始终没有好转。但有一天我在给贝尔治疗的时候，闻到了非常刺鼻的放屁味。是我熟悉的细小病毒的气味。之后贝尔又出现了带血腹泻，细小病毒试剂检测也呈现了阳性。我急忙转变治疗方向，开始给贝尔做细小病毒的诊疗。正在病患中的贝尔始终是眨着大大的眼睛望着我，似乎是在给我鼓劲儿，似乎是觉察到了我正在努力救它一样。有一天贝尔开始起来走路，也开始吃东西了。在诊疗过程中也发生不少这种像奇迹一样的事情，但这种好的结果真不算多。细小病毒的诊疗对我来说依然是比较棘手的课题。

🐾 猫咪细小病毒的症状

猫咪细小病毒感染类似于狗的细小病毒感染，也会出现发热、食欲不振、抑郁、呕吐、腹泻等症状。但是仅通过这些症状很容易出现误诊。因为这些症状都属于平常的疾病症状，而且有时呕吐和腹泻只在细小病毒感染末期才会突然发生。这时候如果做CBC血液检测就会发现血液中白血球的数量有急剧减少的现象，还有如果通过细小病毒检测试剂，检测结果呈阳性就可以确诊为细小病毒感染。但是也

>> 猫咪的细小病毒感染其治疗死亡率非常高，所以相比治疗要首先注重预防。

会有血液中白血球慢慢减少的现象，如果是病毒的潜伏期，试剂检测结果也会出现阴性结果。所以如果怀疑猫咪有感染细小病毒，就要持续地给猫咪再做检测。细小病毒感染的治疗死亡率相当高，也没有公认的治疗方法。大部分都会通过使用呕吐抑制药物、胃肠道保护药物以及使用预防二次感染的抗生素药物进行对症治疗，还要以输液防止脱水现象发生等手段协助猫咪自身的免疫系统战胜病毒。所以预防猫咪被细小病毒感染是最明智的做法。

预防细小病毒感染的核心要点

- 猫咪的泛白血球减少症相比其有限的治疗方法，其诊断和预防是比较容易实现的。诊断细小病毒感染时使用的试剂盒检测法的准确度比较高，如果结果呈阳性，90%可以诊断为细小病毒感染。以前会有接种疫苗后检测出现阳性的情况，但最近研发出的试剂盒改善了这个缺点。

- 有些时候会有接种疫苗的动物还被细小病毒感染的情况，但细小病毒预防疫苗算是预防能力比较突出的疫苗。为防止接种疫苗后也被感染的事故发生，需要给动物检查体内抗体。如果体内抗体没有正常产生需要给动物追加接种疫苗。一般每年都需要给动物接种一次疫苗。体内产生抗体之后，即使是被病毒感染也会有更高的治愈率。

- 狗如果被细小病毒感染，可以从狗血库中购买抗血清注射剂进行注射，但猫咪没有这么幸运。市面上并没有猫咪血液库。如果医院里有可供应血液的捐血猫，但一只猫咪能捐出的血液有限。所以一般来说猫咪的细小病毒治疗非常困难。所以细小病毒的预防显得尤为重要。

- 细小病毒感染因为治疗起来比较困难，也没有专门的治疗方法，所以治疗时只能对表症下药。如果没有呕吐症状，可以给动物喂东西吃，但大部分情况因为伴随着呕吐症状，所以会通过输液预防患病动物的脱水发生。还会使用抗呕吐剂、肠内细菌抑制剂、胃肠道保护剂等药物。还要持续检测血液中白血球的数量，以制定后续方案。如果急速减少的白血球数量开始增加，就可以认为有恢复的可能性。

04 猫咪的主要传染病

😺 猫咪白血病

猫咪白血病的感染

猫咪白血病的正式学名叫作 FeLV(Feline Leukemia Virus)。这种疾病的特点是在亲近的猫咪之间传播。可以通过梳理毛发和公用猫咪厕所感染，在不知情的情况下收养了有猫咪白血病的猫咪，会出现 1/3 的猫咪都感染的高感染率。这种病毒对时间的依存性、年龄的依存性很高，所以只有在一定长时间内接触才会出现感染，一天两天的接触不会发生感染。出生后 4 个月的猫咪一般都有抗体，所以一般在出生不到 4 个月的猫咪中间其感染率高。

猫咪白血病检查

如果你怀疑你的猫咪跟有猫咪白血病的猫咪接触过，想给它做一下检查，那需要等到从接触日期开始 28 天后进行检查。因为病毒传播到骨髓需要 4 周的时间。这种疾病可以通过试剂盒检查来认定，而且检测的可信度算是很高的。但即便是检测结果出现阳性也不能一味地认为猫咪就得了猫咪白血病。这种疾病根据症状分为一时性感染和持续性感染。即使猫咪体内有病毒，其免疫系统战胜了病毒就属于一时性感染，相反如果免疫系统被病毒瓦解了那就成了持续性感染，猫咪就得了猫咪白血病。

猫咪白血病的症状

可惜的是猫咪白血病一旦发病，其预后是不乐观的。发热、淋巴结肿大、白血球减少症等都会出现，而且与猫咪细小病毒感染症状类似，也会转变为肿瘤、免疫力抑制、二次感染等致命的疾病。

猫咪白血病的治疗

除了对表症治疗外，没有其他特殊的治疗方法。所以预防比什么都重要。幸运的是疫苗有 80%~90% 的预防能力，所以像美国是积极建议给猫咪接种疫苗的。出生后 8 周时第一次接种疫苗，过 3~4 周后第二次接种疫苗，然后每年接种一次疫苗即可。

预防猫咪白血病的方法

- 猫咪对这种疾病有年龄依存性的抵抗能力。刚出生的猫咪会有 70%~100% 的持续感染的概率，8~12 周大的幼猫有 30%~50% 的持续感染概率，成年猫有 10%~30% 的持续感染概率。所以成年猫即便是接触了患病的猫咪，可能也不会被感染或者会经历一时性感染后恢复，但如果是幼猫则是致命的。所以猫咪在小的时候最好是避免与其他猫咪的接触，这非常重要。

- 没有与其他猫咪接触机会的猫咪没有必要接种猫咪白血病疫苗。有些甚至是原来跟发病猫咪接触过的没有发病的猫咪因为疫苗接种反而激活了原来体内携带着的病毒而出现病情。所以如果是养育 4 只以上的猫咪，猫咪之间接触频繁的情况下，应该给猫咪接种疫苗，但接种疫苗前要先检测一下体内是否存在猫咪白血病抗体。

- 检测后如果结果呈阳性，需要 1 个月后复检。如果是一时性感染，会在一个月后的检测结果中呈阴性。如果复检中结果还呈阳性，就可以认为猫得了持续性感染。据调查持续性感染的猫咪有 30% 是在 6 个月内死亡，有 60% 是在 2 年内死亡，90% 是在 4 年内死亡的。

🐾 猫咪艾滋

猫咪艾滋的感染

这个病症的名称来自于其末期的症状类似于人类艾滋病的症状，但它与人类的艾滋病是两回事。这个病的学名叫作 FIV(Feline Immunodeficiency Virus)。与亲近猫咪间传播的猫咪白血病相比，猫咪艾滋是在关系不好的猫咪间传播的。因为这种病毒是通过猫咪打架时出现的咬伤传染的。还有一点与猫咪白血病不同的是，猫咪艾滋的传播多发生在成年猫的身上。其原因应该是感染的成年猫不会与幼猫打架而咬伤幼猫，且即使幼猫被感染了病毒，经过长时间的携带病毒后，会在成年时发病。

猫咪艾滋检查

猫咪艾滋的检查和疫苗预防都比较难。疫苗预防效果在 0%~100% 之间，每个个体会出现不同的效果。而且疫苗接种后猫咪会在试剂盒检测中呈阳性。所以需要切断与感染猫咪的接触，最好在认养前给猫咪做一下检查。

猫咪艾滋症状

大致会经历急性期、无症状期、发病期等各种复杂的感染期。急性期时会出现轻度的发热、嗜中性粒细胞减少、淋巴结肿大等症状，如果是年龄小身体虚弱的猫咪，会在此期间死亡。无症状期时则外表看起来正常，也会外出活动等。此时如果咬伤了其他猫咪就有可能感染其他猫了。据研究结果，无症状期猫咪中有 80% 会保持这种无症状的现状，有 18% 会发病。猫咪艾滋的症状很多，但其中大部分都会有慢性口内炎、不明原因发热、体重减少、贫血、全身性淋巴结肿大等症状。

猫咪艾滋的治疗

猫咪艾滋也是没有什么特别的治疗方法，所以预防非常重要。但疫苗预防的效果也没有准确的统计数据和资料。所以预防主要是切断与感染猫咪的接触，还有就是认养猫咪前一定要进行相关检测。

猫咪艾滋目前没有专门的治疗方法，治疗只局限在表症治疗的阶段。例如，淋巴肿大症状通过化疗，二次感染通过抗生素，免疫媒介性疾患也可以对症治疗。

诊断猫咪艾滋的核心要点

- 因为是通过打架咬伤感染，所以流浪猫和没有做绝育手术的公猫感染率高。

- 猫咪艾滋检测可以使用 IDEXX 公司的试剂盒。但是猫咪在 6 个月大之前检测，结果呈阳性，这可能是因为猫咪从母体中得到了抗体，所以检测最好在猫咪 6 个月大之后进行。即使是检测结果呈阳性，只要没有临床症状，有的猫咪也会不发病活到 12 岁左右。

- 接种猫咪艾滋疫苗的猫咪检测结果也会呈阳性，所以接种猫咪艾滋疫苗的猫咪需要安装芯片以区分已接种了相关疫苗。否则猫咪跑出去被保护所当成流浪猫收养时，会被误认为是病猫而被安乐死。

🐾 猫咪的传染性腹膜炎

猫咪传染性腹膜炎的感染

这个病症的学名叫作 FIP(Feline Infectious Peritonitis)，其病原体是能引起一般肠炎的相对温驯的冠状病毒。猫咪在多只饲养的环境中受到压力出现免疫力低下，病毒出现变异就会发展成为传染性腹膜炎的致命疾病。

猫咪的传染性腹膜炎检查

相关疫苗因为其有效性还没有被证明，所以不算必需的疫苗。即使在试剂盒检测中呈阳性也不能就认为是传染性腹膜炎。因为如果是低病原性冠状病毒，会经过一时感染后终结。诊断传染性腹膜炎除了检测遗传因子，还需血液检测、腹水检测、放射线检测等各种检测。

猫咪传染性腹膜炎的症状

症状有发热、胸腹水、眼球病变、痉挛等多种症状。传染性腹膜炎分为湿型和干型两种。湿型以胸积水和腹积水为特征，干型以出现眼球病变为特征。大体上都会出现消瘦、脱水等症状和因中枢神经病症导致的痉挛等。

※ 患上传染性腹膜炎的猫还可能会出现如图所示的眼球变色的症状。

猫传染性腹膜炎的治疗

猫咪出生 16 周时就开始给猫咪接种鼻腔疫苗，以 3~4 周为间隔进行第二次疫苗接种。与其他猫接触的猫咪需要每年接种疫苗。有关 FIP 疫苗的预防效果有较多的争论，但建议给出生 16 周以上并且腹膜炎抗体检查呈阴性的猫咪接种疫苗。出生 16 周以上的猫咪如果在腹膜炎抗体检查中呈阳性，那疫苗的效果不能保证，所以建议这种状态的猫咪不要接种疫苗。猫传染性腹膜炎发病后除了表症治疗外，没有其他特殊的治疗方法，且预后非常不好。

猫心脏丝状虫病

🐾 可以预防，但不能治愈的疾病

让我们想一下。A 病没有诊断的方法，而且只要被感染就非常危险，更没有有效的治疗方法，且感染率也非常高。但这种疾病只要定期吃预防药物就可以有效预防。那我们面对这种疾病应该怎么做？我们肯定要定期地吃这种预防药的。猫心脏丝状虫病就相当于这个 A 病。最近猫咪心脏丝状虫病的危险性有降低的倾向。因为猫心脏丝状虫病本身就无法诊断，所以经常被误认为是传染率低的疾病。但是临床上我们经过解剖发现，因简单手术前的小麻醉而猝死的猫咪，很多都感染了猫心脏丝状虫病。解剖保护所猫咪的实验中也发现感染情形比我们想象中还要高，这时人们才开始重新认识猫丝状虫病的严重性，也开始重新考虑防治该疾病的对策了。

🐾 韩国属于一年四季都要预防心脏丝状虫的国度

在韩国，养狗的宠物主们一般对心脏丝状虫病的预防都有较深的认识。这是因为处在温带气候带的韩国，很早开始，兽医师们就不断地强调韩国需要一年四季不间断地预防心脏丝状虫病。但是很多猫主们却缺乏这种预防意识。当兽医师发现猫咪没有心脏丝状虫病的预防记录，就告诉猫主们猫咪在出生 8 周就要开始做预防的时候，很多猫主都会很惊讶地反问："猫也得心脏丝状虫病吗？"这种情况屡见不鲜。

🐾 一条心脏丝状成虫就会致命

猫是心脏丝状虫适合的宿主，但其感染率要低于狗。即使被感染症状也比较轻微，大部分情况是体内存在 6 只以下的心脏丝状成虫。但是因为猫咪体型小，所以一只心脏丝状成虫就可以夺走猫咪的生命。蚊子是心脏丝状虫的媒介物，它会首选狗作为叮咬目标。但城市里的家蚊不会有优先目标，会无差别叮咬。而且家猫和流浪猫的感染率也没有什么差异。

🐾 心脏丝状虫病的症状

主要出现持续性的呼吸急促，间歇性的咳嗽，困难呼吸等慢性呼吸器官症状。初期阶段会经常被误认为是哮喘或是过敏性气管炎。这些急性阶段的临床症状会随着丝状虫的成熟慢慢消失。第二阶段是由于成熟的丝状虫引起的肺部炎症和血栓栓塞症，从而导致的急性肺部损伤。正是因为这种原因，所以一只丝状成虫就有可能夺取猫咪的生命。

🐾 心脏丝状虫疾病的预防与治疗

猫心脏丝状虫病没有确诊的诊断方法，即使被确诊，也没有有效的治疗方法。所以预防非常重要。所有的猫咪都需要每月进行一次心脏丝状虫病的预防。猫心脏丝状虫病很难诊断出来的一个原因是没有对应的检测方法，还有一个原因就是猫咪没有明显的临床症状或者只有一时的症状。预防猫心脏丝状虫病有安全又有 100% 效能的预防药物。像可以咀嚼的猫心宝制剂、可以局部涂抹的心疥爽制剂、辉瑞大宠爱等。

※一个月给猫咪涂抹一次，就可以预防心脏丝状虫。

有人会问狗的心脏丝状虫预防药可不可以给猫咪吃，狗的心脏丝状虫预防药的成分和猫咪的虽然一样，但成分间的比率和用量是有很大差异的。两类药价格上也没有多大的差异，所以一定要给猫咪喂猫心脏丝状虫病的预防药物。

预防猫心脏丝状虫病的核心要点

- 猫心脏丝状虫病之所以危险的第一个原因是诊断起来复杂，且其结果没有一贯性。被感染的猫咪即使出现严重的呼吸道症状，但可能在抗原和抗体检查中呈阴性。即使是做胸部放射线检查、生化检查和心脏超声波检查等追加检查也很难确诊。更重要的是被感染的猫咪会出现猝死现象。还有一个原因是这个病目前没有有效的治疗方法，所以预防是唯一的办法。虽然每个月预防需要一些费用支出，但跟发病时的各种检测费用、治疗费用和危险性相比就微不足道了。

- 过去都认为狗比猫更容易感染心脏丝状虫病，流浪猫比家猫更容易感染心脏丝状虫病。但根据最近的研究结果，猫和狗有相似的感染率，而且感染的猫咪中有 27% 左右是家猫的感染。因为房间里的蚊子可能也会向猫咪传播心脏丝状虫，所以不可忽视。

- 心脏丝状虫病的预防药物 100% 安全又有效。所以需要从猫咪小时候开始就持续进行预防工作。

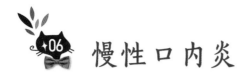

06 慢性口内炎

口内炎是慢性的

慢性口内炎是指口腔黏膜、舌还有牙龈部出现炎症的疾病。原因有外伤、药物、剧毒物刺激以及牙龈炎诱发的细菌、真菌、肿瘤、病毒感染、维生素缺乏症等，但还没有正确的原因和记录。特别是因猫免疫系统衰竭、病毒感染和猫白血病病毒感染导致的二次口内炎，其预后非常不好。一般的口腔炎会通过口腔内唾液的抗菌作用和清洗作用自然治愈，但很多口内炎却会转变为慢性的。口内炎会诱发痛症，碰一下嘴唇周边和下巴周边猫咪会感觉疼痛，咀嚼和吞下食物的机能也会出现问题，从而会因为食欲不振导致体质衰弱入院。炎症区域容易出现出血症状，慢性炎症时也会在舌头等区域出现溃疡。如果是外伤和肿瘤原因导致的，病症只会发生在一边，有牙周疾患时会同时观察到牙垢和牙菌斑。

卢博士 口内炎是不治之症

我在兽医大时，师弟带回来一只既漂亮又温驯的遗弃波斯猫。能免费得到贵重的波斯猫，我那师弟像捡了大便宜似的高兴得不得了。但是听他说猫的主人在交给他猫咪的时候说了句"这只猫咪除了有口内炎之外，真的是一只又温驯又健康的猫咪"，一听到这里当兽医师的我们就憋不住笑起来了。猫口内炎是不治之症。当然因口内炎导致死亡、住院或者手术不会花很多钱，但因为这个病是无法根治的病，所以一定要给猫咪长期服用药物和长期进行治疗。那时还是学生的师弟，误把一只有不治之症的猫咪当成了健康的猫咪。我跟他说，"这只猫咪除了有口内炎，真的是一只不错的猫咪"的意思相当于"这个女人除了长得丑一点，真是好女人"的意思时，他也大概理解了。总之那只波斯猫确实是除了口内炎外，是一只又漂亮又温驯的猫咪，之后的日子里，我那位在全州（韩国地名）上学的师弟每次来首尔，就会从我那里免费拿走一大包治疗口内炎的药物。

❤ 要经常检查猫咪的口腔

猫咪的牙周疾患和慢性口内炎属于猫咪常见的疾病，所以猫主们有必要经常检查一下猫咪的口腔。很多时候不喜欢吃东西的猫咪恰恰不是因为食欲不振，而是因为出现了牙齿相关的问题。

预防慢性口内炎的核心要点

- 饲养多只猫咪的家庭中一般会有 25% 的猫咪会在口腔内喉咙两侧分泌出荨状病毒。这些病毒一般不会产生任何病变，但如果是病毒携带体就会出现炎症和溃疡病变。这时可通过注射和药物治疗，如果有一定的改善就减小药物量，增加治疗间隔，进行最小化治疗。治疗时洗牙会有短期的改善效果，如果是伴随牙龈消毒的拔牙会非常有效果。治疗上会使用抗生素、消炎剂、免疫抑制剂和必要的大范围的拔牙。韩国土种猫的感染率很高，所以如果你的猫咪是韩国短毛猫，更需要做好准备。感染了慢性口内炎的猫咪因为其细菌、真菌、病毒以及免疫力的减退，更会有感染肾衰竭等其他疾病的危险，所以要积极预防猫咪感染慢性口内炎。要经常确认猫咪的牙龈和牙齿状态，从猫咪长出恒齿开始就要给猫咪刷牙了。相比湿式饲料，干式饲料更有助于预防牙垢问题。

给猫咪刷牙的方法

❶ 固定头部：轻轻地环握住猫咪的脸部。

❷ 进行刷牙：往猫咪嘴里放入一个手指，打开猫咪的嘴后开始给猫咪刷牙。

❸ 手指刷牙：如果猫咪对牙刷有抗拒，就使用手指刷牙的方式。

❹ 吃的牙膏：如果猫咪对牙刷和手指刷牙都很敏感，就使用能吃的牙膏。

真菌性皮肤病和青春痘

🐾 皮癣

皮癣·感染

皮癣 (Ringworm，白癣) 不同于皮肤真菌症（真菌性皮肤病）。皮癣的主要感染粒子是柱囊孢子，存在于感染的毛发周围。通过柱囊孢子的直接、间接接触会传染到人类和其他动物身上。

皮癣的诊断

可通过毛发显微镜观察，在培养池中培养真菌，用伍德灯照射毛发，看毛发是否变成墨绿色。

○ 治疗皮癣的核心要点

● 两个星期内一天消毒 2 次，将有抑菌剂成分的软膏涂于圆形脱毛的部位。每隔 3 天使用有抑菌剂成分的药用洗毛发液帮猫咪洗澡。先用一般洗毛发液进行毛发清洗后再用药用洗毛发液起泡沫。使用药物洗毛发液时按摩病变区域让药物充分吸收，过 10~15 分钟后清洗掉药用洗毛发液。遵守时间很重要。

● 如果猫咪有挠痒的症状需要给猫咪戴上伊丽莎白头套。否则猫咪会因为痒痒用舌头舔舐，也会吃进药物或者出现二次感染。

● 有一种叫作 Biocan 的疫苗对预防和治疗真菌性皮肤病有很好的效果。如果是以预防为目的接种疫苗，则需要在 16 周大的时候第一次接种疫苗，之后 3~4 周后进行第二次接种，才可以生成基本的抗体，之后需要每年接种一次。如果是以治疗为目的接种疫苗，这需要在第一次接种后经过 3~4 周进行第二次接种，如果情况严重需要进行第 3 次接种。

● 长期服用抑菌剂会有肝毒性的危险，所以高龄猫咪需要每 1~2 周做一次血液检查，确认肝脏相关的检测数值后进行服用。如果肝脏相关的检测数值变高，就要改成对肝不具负担的抑菌剂。

● 真菌性皮肤病要比其他皮肤病治疗时间长。可能会持续数月时间，所以猫主们不必因为不能马上好转而着急。即使表面病症消除之后，也要继续服用一周左右的药物，还有使用软膏和药用洗毛发液，以防复发。

皮癣的症状

会出现边界清晰的圆形红斑性脱毛现象，伴随着干皮屑。经过一段时间会在全身多处出现圆形脱毛现象，会在很短时间内扩展到全身。起初不会有强烈的痒感，但如果发展成二次感染，痒感就会加重。还会有疮、疥癣、指甲变形、裂开等症状。

皮癣的治疗

皮肤病治疗的第一个原则是剪毛。像喜马拉雅猫和波斯猫这些品种尤其对真菌性皮肤病抵抗力低，但又因为它们漂亮的毛发，很多猫主都会顾虑很多。但是留着毛进行治疗的话，真菌消毒可能就会不彻底，涂药的效果也会受到影响。所以除非是特殊情况，治疗前一定要先剪毛。剪毛后需要做消毒和使用洗毛发液进行洗刷，同时要喂食抑菌剂。此时再接种 Biocan 的真菌性皮肤病疫苗就会有很好的治疗效果。如果是身体健康的猫主人，即使被猫咪感染了，也会自行治愈，还会出现免疫抗体，但如果健康状况稍差的猫主人就需要去医院找皮肤科看一下了。如果有同居的猫咪，不管猫咪有没有被感染，都需要一同接受治疗。房间里的沙发、地毯等可能藏有柱囊孢子的地方需要彻底消毒。

🐾 下巴青春痘

主要长在下嘴唇和下巴的位置，类似黑色的污垢一样的小豆豆。有些猫咪会抓痒，有些则全然不在乎。导致这种现象的直接原因还不清楚，但主要是由于毛囊内的皮脂分泌物和皮屑堵塞造成的。猫咪有用前爪洗脸的习惯，但对下巴部分疏于管理，所以经常会有食物残渣、皮表脂质及污垢等积聚在下巴部位。如果出现二次感染会诱发脓皮症、角质、痛症和瘙痒。

治疗下巴青春痘的核心要点

如果猫咪有瘙痒感，需要给猫咪戴上伊丽莎白头套，并且要剪掉病患处的毛发。使用处方消毒药每天进行1~2 次的消毒，等干了之后涂软膏。得到处方抗生素后，需要注射和服用同步治疗。这个病症的复发率在50% 左右，所以表症消除后也要实施一周 2~3 次消毒。

08 耳疥虫

🐾 耳疥虫

猫咪不算是耳病多的动物。有些猫咪甚至一生也没有做过一次耳朵清理。但是如果猫咪的耳朵被耳疥虫感染情况就不一样了。一般两只耳朵都会感染，母猫传染幼猫的情况比较多。同居猫中，亲近的猫咪之间也会有感染。轻轻掀开猫咪的耳朵，如果发现耳朵内部有很多黑色的耳屎，就有必要怀疑猫咪感染了耳疥虫。采样后如果用耳镜观察会看到耳疥虫。被感染的猫咪因为非常痒，所以会拼命地用后爪挠痒，这会让猫咪耳朵处的毛发脱落还会出血发生二次感染。所以猫咪的耳疥虫病需要早发现早治疗。

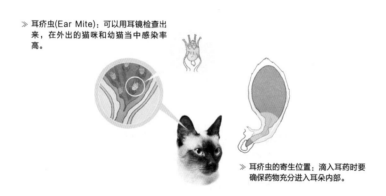

≫ 耳疥虫(Ear Mite)：可以用耳镜检查出来，在外出的猫咪和幼猫当中感染率高。

≫ 耳疥虫的寄生位置：滴入耳药时要确保药物充分进入耳朵内部。

治疗耳疥虫的核心要点

耳疥虫的主要症状是痒痒，所以初期一定要给猫咪戴上伊丽莎白头套。症状轻微时可以使用福莱恩等跳蚤驱虫剂注入耳朵内，一天后再清洁就可以治疗了。但是如有二次感染和浮肿时就必须使用抗生素、消炎剂等进行追加治疗。过度地清洗耳朵可能也会刺激耳朵反而加重感染，所以情况严重时最好请兽医师代为清洗。

呕吐

🐾 一般的呕吐

一般的呕吐可以带猫咪去附近的动物医院做一下便检测、放射线检查等最小化的检查项目。通过给猫咪进行输液，使用胃肠道保护剂、抗呕吐剂等疗法就可以在 12~24 小时内看到猫咪好转。这种情况大部分是由于急性胃炎、急性小肠炎、饮食性胃肠道障碍、冠状病毒等引起的。

🐾 严重的呕吐

如果是严重的呕吐就需要到动物医院进行对症疗法，进行打点滴及抗呕吐剂等表症治疗外，还需进行血液检查、血球检查、超音波、内窥镜、放射线、造影成像、试剂盒检查、尿检等多种检查。

🐾 线状异物

幼猫如果呕吐得厉害，有必要扳开猫咪的口检查一下。有很多家养的猫咪会因为误吞了鸡骨、果核、瓶盖等入院，特别是猫咪在吞了线状物体之后，想要吐出来却吐不出来时就会呕吐。猫咪咬着线状物玩耍，误吞掉线状物时因为猫咪的舌头上长着倒钩状的结构，它越想把线状物弄出来，越会让线状物进到深处。起初猫咪会流着口水，不吃东西，然后会越来越抑郁。即使在猫咪的口腔内发现了线状物，也千万不要硬拉出来。否则线状物的尖角部会伤害到肠道壁，只会让肠道扭曲而已。兽医师会给猫咪做放射线、内窥镜、造影成像等检查，之后通过给猫咪做胃肠道切开手术将内部的线状物取出。如果是简单的异物，只要开一个地方就可以取出，但如果是长度较长、缠绕复杂的异物就可能会多处开刀进行异物提取。

一般的呕吐

❶ 除了呕吐以外没有其他症状。

❷ 一天1~2次。

严重的呕吐

❶ 除了呕吐外，还伴有腹部疼痛、元气消退、脱水、发热、腹泻和呕吐液中带血等其他症状。

❷ 呕吐次数一天内会多于2次，持续时间会在3~4日以上。

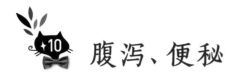

10 腹泻、便秘

🐾 有时会因其他疾病导致腹泻

治疗腹泻之前首先要判断的是，腹泻是简单的腹泻，还是因为其他疾病导致的腹泻。所以如果腹泻症状中伴随着其他症状，就需要首先做一下血液化验。

🐾 有时是简单的腹泻

如果除腹泻症状外没有其他症状，血液检查也没有发现其他疾病，那腹泻就可能是由于细菌性、病毒性、原虫性、饮食性、发炎性肠炎引起的。

细菌性腹泻

是由于沙门杆菌、弯曲杆菌、大肠菌引起的肠毒素损伤肠道上皮而致的。一般是由于寄存在旅馆或旅行后的压力导致，或者有多只猫咪时，其中一只猫咪腹泻传染导致的。

饮食性腹泻

突然吃观叶植物、鱼、肉、牛奶等平时不常吃的食物，或者吃腐败食物后出现的食物中毒性腹泻。

> **治疗腹泻的核心要点**
>
> 还没有进行疫苗接种的幼猫，如果出现腹泻症状需要首先通过试剂盒检测方法排除泛白血球减少症的可能。如果检测结果呈阴性，就进行显微镜检查，制定出适合的治疗方案。7岁以上的高龄猫咪也会因为其他疾病出现腹泻等二次症状，所以有必要做一下血液检查排除其他疾病的可能性。发炎性肠炎虽然在猫咪的慢性腹泻症中占多数，但除了组织生化检查方法外没有其他可以确诊的方法。所以兽医师的经验和判断在诊断中起着关键作用。处方式饲料也有助于腹泻的治疗。

病毒性腹泻

冠状病毒、逆转录酶病毒、细小病毒是最具代表性的肠内感染病毒。特别是细小病毒的感染会导致猫咪的泛白血球减少症。稀便、血液性腹泻、便的恶臭都是这类腹泻的症状。

发炎性感染

是炎症性细胞侵入消化道黏膜而导致的肠炎，是导致慢性腹泻的主要原因。食欲不振、水样性稀便、体重减少为其主要症状。

😺 便秘是猫咪的慢性疾病

便秘是猫咪经常出现的症状。特别是抚养多只猫咪的家庭，因为猫主人无法分辨出每只猫咪的排便情况，所以很多时候都是情况变得非常严重了，猫主们才急匆匆把猫咪送到医院来。有便秘症状的猫咪一般会在进入猫咪厕所前走来走去，进了厕所也会翻来覆去。猫咪的挖砂时间会增加，猫咪也会转换几次排便姿势，但就是排不出来。在排便使劲时因为疼痛会叫出来，有时也伴随着呕吐的症状。肛门处会流出液体，伴随食欲不振的症状。用手抚摸猫咪的肚子会发现腹部膨胀，甚至能摸到发硬的便。症状轻微时可以给猫咪喂食纤维质丰富的处方饲料，同时喂食便秘药物症状就会改善。必要时也可以做灌肠。但很多时候猫咪都是便秘症状严重后才会被送到医院来。巨结肠症是大便在结肠积压导致结肠扩张的病症，如果猫咪得了这种病会无法挽回，必须要切掉结肠的一部分或全部结肠才能救活。

预防便秘的核心要点

猫咪厕所脏乱时或是看到很硬的粪便，猫咪就会想起当时的痛苦，猫咪不喜欢猫咪厕所或者猫砂时，猫咪受到压力或者吃到低质饲料时都会出现便秘症状。除了这些，肿瘤、异物、后腿障碍或疼痛也会导致猫咪出现便秘症状。为了解决猫咪的便秘问题，需要经常打扫猫咪厕所的卫生，保持猫咪厕所干净、整洁，还需要给猫咪更换猫咪喜欢的猫砂。长毛种的猫咪也会因为毛发球出现便秘或者肠道闭塞症状，所以要经常给猫咪梳理毛发，喂食专门针对毛发球的饲料或者营养剂。老龄猫咪因为活动量减少，肠道机能和联动运动出现退化，所以便秘会更严重。因此，要多在饲料上下功夫，还要努力让猫咪多喝水才可以。

11 下泌尿道疾患

🐾 猫咪下泌尿道相关的疾病

访问动物医院的猫咪中有 4%~10% 会因为下泌尿道疾病入院治疗。血尿、排尿障碍、频尿、困难排尿、不适当排尿、下腹部触诊时的痛症等都是入院的原因。也有公猫出现尿道闭塞，因症状严重出现紧急状况。

🐾 猫咪下泌尿道疾患的原因

一般猫咪的下泌尿道疾患的原因

肿瘤 2% 感染 1%
行动因素 9%
十二指肠缺乏 11%
结石 13%
突发性膀胱炎 64%

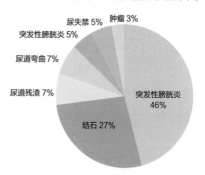

10 岁以上的猫咪下泌尿道疾患的原因

尿失禁 5% 肿瘤 3%
突发性膀胱炎 5%
尿道弯曲 7%
尿道残渣 7%
结石 27%
突发性膀胱炎 46%

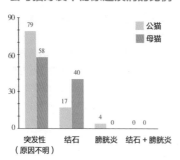

公母猫好发下泌尿道疾病的比例

	公猫	母猫
突发性（原因不明）	79	58
结石	17	40
膀胱炎	4	0
结石 + 膀胱炎	0	0

😺 猫咪下泌尿道疾患的种类

结石

鸟粪石 (Struvite) 是以镁、氨、磷为主要成分的结石，在 20 世纪八九十年代被广为发现。草酸钙结石，顾名思义，以草酸钙为主要成分，外观呈尖状。感染问题开始获得解决后，20 世纪 90 年

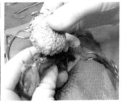

※去除结石的手术照片

代后期草酸钙结石出现比例偏高。而最近的情况是两种结石的发生频度相似。鸟粪石结石好发于 7 岁以下的做了绝育手术的幼母猫中，草酸钙结石好发于 7 岁以上的做了绝育手术的老龄公猫中。绝育手术与结石有着某种关联性。做了绝育手术的猫咪要比没有做绝育手术的猫咪鸟粪石结石的发病率高出 3.5 倍，草酸钙结石的发病率高出 7 倍之多。所以做了绝育手术的猫咪一定要持续做好肥胖和结石的预防管理。医生会根据结石大小采用手术去除或者采用药物进行炎症处治。

预防结石的核心要点

拥有浓缩尿液能力的猫咪本能上就不怎么喝水。猫咪一天只要喝 35ml/kg 左右的水就足够了。有些书里也有写要给猫咪喂食 50~60ml/kg 的水，但事实上很难让猫咪喝掉那么多的水。猫咪属于喝水少的动物，但如果没有喝到适量的水，猫咪就会出现结石。所以平常要努力让猫咪多喝水。

👉 给猫咪喂水的方法

- 湿饲料要比干饲料含有更多的水分。
- 处方食里含有的钠元素会增加猫咪的饮水量和排尿量。一般的钠含量对猫咪没有大的影响，但是对于肾衰竭的猫咪需要注意钠元素的吸收，需要兽医师的处方。
- 将饮水盘放置到房间的各个角落。
- 水要保持干净，防止灰尘污染且要经常换水。
- 有些猫咪会被流水的汩汩声吸引，所以也可以准备喷水台状饮水器。
- 在食物中添加水分或者在食物旁边放置水。
- 在水里添加一点金枪鱼肉或者鸡肉吸引猫咪。
- 替换玻璃碗。

突发性膀胱炎

突发性膀胱炎占猫咪下泌尿道疾患的 60%~70%。室外的猫咪发生较少，一般会伴随着分离不安、肥胖、肥大型心脏病一起出现。据推测突发性膀胱炎是猫咪受到压力后交感神经被刺激而出现的炎症反应，该反应会刺激膀胱壁而发生。所以搬家、新猫咪的认养、孩子或新宠物的出现、噪声等都能让猫咪产生压力成为发病原因。症状有血尿、排尿时的痛症、排尿困难、排尿不振等下泌尿道疾病的典型症状。在室内生活、吃干饲料、多只猫咪共用一个猫咪厕所、关在笼子里等都是诱发猫咪突发性膀胱炎的可能原因。所以为了解决这个病症，首先需要消除引起猫咪压力的因素。还需利用喷水型饮水台或处方饲料增加猫咪的饮水量，使用 Feliway 等费洛蒙剂稳定猫咪的情绪。严重的情况下，医生会开具专门的稳定剂。更换成湿式饲料也可以减少再发率。

尿路性感染

狗狗比较容易感染膀胱炎，但猫的发生频度是狗的 1/10 左右。绝育的母猫发病率会比较高，但对 10 岁以下的猫咪来讲不是常见疾病。10 岁以上的猫咪是因为患有糖尿病或者其他慢性疾病所以感染率较高。阿比西尼亚猫尤其对这类疾病的抵抗力低。如果怀疑猫咪被感染，有必要做一下培养检查和感受性测试，根据检测结果进行抗生素处方治疗。需要 2~3 周的处治时间。

卢博士 **King 的奇迹**

猫的下泌尿道疾患有时会诱发膀胱炎、膀胱内严重淤积、尿道异物堵塞尿道等，从而发生急性肾衰竭等严重情况。一只叫"King"的猫咪刚入院时有非常严重的腹部痛症，根本不让触碰自己的腹部。经过放射线检查发现 King 的膀胱膨胀到快要占据整个腹部区域，经超声波检查发现有很多浮游异物，经血液检查后，发现肾脏数据是没有救回的希望了。我们给 King 进行麻醉后抽出了腹腔中的尿液，并给 King 进行了输液才勉强使它挺过了紧急状况，但因为迟迟不见好转，我们建议猫主人给猫进行透析。当时的 King 因为严重的脱水和各种合并症连身体都动弹不了了。那时诊疗 King 的医生们尽量安抚猫主人说可能会出现意外，当时我也在想"King 可能救不活了，可能真要死了"。但猫主人却强烈要求我们说"King 肯定能活下来，不管用什么方法一定要救活它"。可能是因为 King 真的具有王一般的坚强意志，也可能是因为猫主人的真诚感动了上天，透析后King 的肾脏数据戏剧般地恢复过来了。虽然肾脏这个器官只要出一次问题，除非是移植新器官，否则就不可能根治，但总而言之 King 奇迹般地渡过了这场危机。不是每只猫咪都是这么幸运的，我当时在想，应该是猫主人的真诚感动了上天，让 King 捡回了一条命吧。当然也有很多猫咪，不顾猫主人的诚恳祈祷还是离开了这个世界……

12 肾衰竭

将猫咪推入死亡边际的第一原因

猫肾衰竭病是指猫肾脏的 75% 机能丧失的病症，它是让猫咪死亡的第一病症。12 岁以上的猫咪中有 1/3 的猫咪有肾衰竭病症，入院治疗的老龄猫咪中有 10%~30% 是因为肾衰竭病入院治疗的。所以肾衰竭病的管理是老龄猫咪管理中最重要的部分。

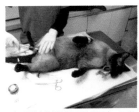

※ 如果猫咪的排尿障碍持续下去，可以通过应急的方式抽取猫咪体内的尿液。

肾衰竭的种类

急性肾衰竭

急性肾衰竭分为无论采取什么姿势排尿也不出尿的乏尿期，可以排尿但排尿时有痛感的利尿期和恢复期。临床症状虽然各有不同，但一般都伴随着食欲不振、活动性下降、呕吐、便秘、腹泻、黑粪、痉挛等症状。在乏尿期因为不能排尿，需要输液处治，限制使用利尿剂和抑制氮血症的蛋白质摄取量。之后随着排尿量的增加会进入利尿期，此时需要对猫咪进行以调节脱水和电解质不均衡为目的的输液处治。

慢性肾衰竭

肾脏机能出现问题的猫咪会有很多尿。经常会被发现去厕所，猫砂的使用量也会显著增加。这时最好是使用凝固型膨润土（Bentonite）。因为是凝固型，所以可以确认猫咪具体的排尿量，也可以预防细菌感染猫咪的尿路系统。肾脏机能出现问题的猫咪为了排出体内的氮废弃物会增加排尿量，也会喝更多的水。这种现象称为"多尿多饮"状态。在"多尿多饮"状态下，猫咪虽然喝的水比往常多，但还是会出现脱水、体重减少及活动性下降等症状。活动性下降是由于肾衰竭导致的贫血造成的。

治疗肾衰竭的核心要点

☞ 判断猫咪是否脱水的方法

如果是正常的猫咪的话，抓住猫咪的颈背部放手，猫咪的皮肤就会马上恢复过来。但有较严重脱水症状的猫咪的皮肤会慢慢地恢复过来，脱水更严重的猫咪的皮肤基本上不能恢复过来。如果猫咪的皮肤不能恢复到原来的状态，就说明猫咪处在非常危险的脱水状态下了。

☞ 猫贫血

肾脏除了排氮功能之外还有调节血液的作用，所以肾衰竭的猫咪会出现贫血症状。在血液检测中如果数据在 30%~35% 以下就是贫血，从身体检查上如果猫咪的牙龈不是红色或粉红色的，而呈现苍白色就应该怀疑猫咪得了贫血。

☞ 腹膜透析

腹膜透析是给没有肾脏机能的猫咪做的排出体内废弃物和水分的透析方式。向患猫的腹部插入管线，通过这个管线注入透析液。透析液在腹内逗留期间，体内的废弃物和水分会通过渗透作用进入腹内的透析液里。等腹腔内的透析液被体内废弃物和水分灌满饱和了，再从管线将透析液清空，再注入新的透析液。按照这样透析液的交换过程反复进行 4 次以排出猫咪体内的废弃物。只要透析液的进出循环顺利，其效果是很不错的，但如果循环不顺利，其预后会不好，需要重新插拔管线。插拔管线时需要很小的插拔孔，所以需要给猫咪全身麻醉或局部麻醉。一天需要进出四回透析液，所以对过敏的猫咪来说可能会是非常麻烦的手术。

☞ 让慢性肾衰竭的猫咪活得长久的方法

急性肾衰竭需要短则 3~4 日，长则 1 周的入院治疗。其间如果进行积极的检查，进行输液疗法、药物疗法、电解质疗法等各种疗法可以恢复肾脏机能，所以住院治疗能得到有效而完全的治疗。但是慢性肾衰竭就不一样。慢性肾衰竭的治疗目的不是治愈，而是改善生存质量，所以保护者的平常管理比住院要重要得多。已经动能丧失 75% 的肾脏机能是无法再恢复或者再生的，所以如何充分利用剩下的 25% 的肾脏机能来让猫咪生活得更久、更舒服是需要考虑的问题。

❶	输液疗法	如果不能通过饮水充分补充体内损失的水分，那就需要采用输液的方式进行补充。可以从兽医师那里学一下给猫咪输液的方法，在家里给猫咪进行输液。输液量根据猫咪体重不同会有差异，平均输液量一般在 100ml 左右。猫咪一般对输液不太反感，所以适应之后猫主就可以自己在家给猫咪输液了。
❷	体重控制	肾衰竭后期的猫咪会出现显著的体重减轻现象。如果猫咪有严重的体力不支，那现在吃的这个食物可能就是维持猫咪今天的生命唯一能量来源。每天需要确认 2 次猫咪的准确体重，不能因为要减少猫咪体内积聚的氮废弃物就限制猫咪的饮食量。为了保持体力要给猫咪喂食富含脂肪和蛋白质的食物。也有肾衰竭后改喂猫咪生食取得了较好效果的病例。
❸	合并症的管理	高血压、贫血作为慢性肾衰竭症的合并症也需要纳入平常的管理。要定期带猫咪到医院检查血压、电解质、贫血等，做相应的治疗。

糖尿病

🐾 猫糖尿病的症状

人类、狗和猫的糖尿病都是与肥胖、饮食习惯有关联的代表性的成人病。猫糖尿病也跟人类的糖尿病一样，目前不能根治，但可以通过改善饮食习惯、胰岛素治疗和其他合并症的管理改善生活的质量。得了糖尿病的猫咪最常见的临床症状是多尿、多饮、多食、肌肉消耗和体重减轻。即猫咪如果吃得也多，喝得也多，但体重反而减轻就要怀疑猫咪是不是得了糖尿病。还有

不自己梳理毛发而导致的凌乱的毛发、抑郁、衰弱也是糖尿病典型的症状。在患猫中大概有10%会出现神经性疾病，其中跖行姿势是最明显的症状。跖行是猫咪走路时脚掌会全部贴住地面，严重影响猫咪跳跃的能力。

🐾 糖尿病的治疗

如果怀疑猫咪得了糖尿病，需要带猫咪去医院做一下基本的身体检查，血球、血清检查，尿分析检查，超声波检查。糖尿病患猫血球检查有时会出现正常值，所以要通过血清检查确认血糖含量。猫咪会有压力性高血糖现象，所以检查时要给猫咪提供舒适的环境，让猫咪的情绪尽量稳定下来，而且为了得到正确的检测结果需要多次重复检查。没有压力的正常猫咪的血糖含量在171mg/dL。尿分析可以确认猫咪是否还有酮酸中毒症等并发症，超声波价差可以确认糖尿病和胰腺炎。

治疗糖尿病的核心要点

- 糖尿病与肥胖有着密切的关系。一旦猫咪的体重超过6kg，就需要控制猫咪的体重，也要给猫咪检查一下糖尿病。
- 糖尿病的治疗方法以包含处方食的饮食疗法，每天2次的胰岛素注射和体重管理为基本的治疗方法。

请疼爱猫咪

　　猫咪是喜怒分明的动物。喜欢猫咪的人非常不理解有些人怎么能不喜欢这么有灵性这么可爱的猫咪呢？相应地不喜欢猫咪的人也不理解喜欢猫咪的人怎么能忍受猫咪的性格、不祥的气运和纷飞的毛发。看周边也有不少人不喜欢猫咪，看到百利而无一害的猫咪不被人接受，我的心情非常难受。

　　仔细观察不喜欢猫咪的人就会发现，他们有些人是害怕猫咪的，有些人是虽然喜欢但因为鼻炎不敢接近，还有些人是认为猫咪身上有很多细菌怕传染给自己等。说来惭愧，我的妈妈就属于不喜欢猫咪的人群。因为妈妈喜欢非常干净整洁的环境，所以房间里面不允许有一根头发，不允许一丁点儿的污渍存在。所以在家里养动物是绝对不可以的。

　　还记得当年我完成了在全州的兽医专业的学习，刚在首尔开始实习兽医师的时候，我曾经一段时间蹭父母的房子住。那时因为住在带有阳台的小房间，冬天还算顺利度过去了。因为有阳台，Minky 也不会觉得憋得慌，妈妈跟 Minky 见面的机会也非常少。幸运的是爸爸挺喜欢 Minky 的。爸爸非常喜欢 Minky 用它的舌头舔他的脚掌的感觉。爸爸还给 Minky 穿上我们的衣服，用我们的梳子给它梳理毛发，对 Minky 真是关爱有加。但是到了夏天问题就来了。冬天还能因为整天关着房门，Minky 不会乱跑，但到了夏天可不能整天关着房门啊。所以只要房门打开着，Minky 肯定会跑进父母的房间里。每次都会把妈妈吓一跳，尖叫起来。说来也奇怪，家里面有弟弟的房间、客厅、洗手间，还有阳台，Minky 哪儿都不去，就喜欢进父母的房间里。而且每次都跑进妈妈

184

喜欢放贵重包包和衣服的衣柜里面。可能 Minky 也认为妈妈的房间是最干净的也是最适合自己的地方吧，但是妈妈却不能忍受。

最后我和 Minky 还没有在父母家里住满 3 个月就被赶出来了。Minky 和我又开始过上了同居的生活。但这次房东又出了问题。我本以为房东本身在养着狗，应该不会在意我养猫的。但是显然那个房东就是不喜欢猫咪。最终房东跟我摊牌养狗可以，但养猫绝对不可以。

从在全州上大学读兽医专业开始到现在，我和 Minky 的同居生活已经进入第 7 个年头了，只记得就那位房东反感过猫咪。但没准其他养猫咪的租房族遇到过更多类似的麻烦吧。这个世界上存在两类人，喜欢猫咪的和不喜欢猫咪的人。这两类人互不相让。不喜欢猫咪的人怎能懂得猫咪真正的美丽呢？对他们来说猫咪只是一只让他们感到恐惧、不祥的脏兮兮的动物而已吧。

相比以忠诚著称的狗，猫咪因为被有些人认为是不祥的动物，在韩国还没有被大众普遍接受。我不敢奢望猫咪有一天成为人们印象中高贵的象征性动物，只希望人们不再错误地认为猫咪是不祥之物就好了。

选择好的动物医院

至少要给猫咪准备 3 处动物医院

养猫咪就会经历猫咪不定时的生病，有些时候甚至会出现危及猫咪生命的紧急状况。第一处动物医院可以选择离家近的医院。找一家服务好，能较好地管理猫咪的健康档案，不太忙的你可以轻松咨询有关问题的动物医院，这里就可以作为你的猫咪主要的诊疗基地了。可以在这家医院进行猫咪的疫苗接种、美容、绝育手术和处治一些简单的腹泻、呕吐等病症。第二处医院需要 365 天 24 小时运营的动物医院。这类医院在都市较为普遍，但其他地区可能相对少很多。所以要事先记录下医院的位置、联系电话和诊疗时间等。第三处医院还是 365 天 24 小时运营的动物医院。因为即便是 24 小时运营的动物医院也会安排一周一次左右的夜间休息，所以第二处和第三处医院要能互补才行。猫咪的应急情况随时可能发生，所以一定要在手机里存好这两处 24 小时运营的动物医院的联系方式。

网络上的用户评价需要过滤参考

不能一味地相信网络上的评论，我们需要有分析过滤虚假信息的能力。一般差评会出现在费用高或者服务态度不好的问题上。如果费用实在高得离谱，那可能真有问题。但不能认为一家医院的费用高就是差医院。对服务态度的评价更是因人而异，更与当事人当时的心情有很大关系。有时可能因为医院一时忙不过来，当事人没有得到需要的完整咨询，有时可能因为有紧急救治患者而没有得到需要的满意服务等。但只要有不满，差评上就会出现"某某医生的能力很差"，"某某医生好像怕动物"等误导的信息。所以网络上的评论，你只要做个过滤性参考就可以了。

外观上干净、整洁的医院可能内部环境也会很不错

在我这个兽医看来，有些医院的手术室或者处治室确实脏得说不过去。这些细节上的部分虽然猫主们很难辨别，但一般这种医院从外观上就管理的不怎么样。我曾经见过一只医院养的狗还有着皮肤病。这种医院即便说他们价格怎么低，服务态度怎么好，最好也不要选择他们那里为好。

如果诊疗费低得离谱就有问题了

动物医院的诊疗费用是自己制定的没错，但兽医师之间也分明有不成文的规则。最近因为韩国国内的附加价值税率有所提高，所以诊疗费用也相应地调高了。如果周边某些医院的诊疗费用低得离谱，可能就有点问题了。动物医院使用的注射剂和药品一般都依赖进口。当然不一定贵的就是好的，便宜的就是不好的。但有些时候确实需要使用贵的药品的时候，如果医院的诊疗费用过低就会限制某些药品的使用，如果该投入药品的时候，因为价格原因无法投入使用就会耽误治疗，延误诊疗时机了。

喜欢动物的兽医不一定代表他的医术就高明

兽医师是掌握着动物相关专业知识的群体。很多人认为宠物医生会喜欢动物，可怜动物，所以他们认为这样的兽医师会收最少的诊疗费甚至免费为宠物治疗。有些人甚至会说自己带来的狗是遗弃犬，所以请求免费治疗。当然兽医师喜欢动物，但这不应成为我们选择兽医师的理由。毕竟兽医师也只是一种职业而已。

要根据病症选择合适的医院治疗

如果你只是给宠物驱虫、接种疫苗等，那你就没必要去找韩国最好的兽医师给你的宠物看病。就近的医院是最好的选择。但如果你的宠物需要做肾衰竭或绝育手术等治疗时，就需要选择一家至少具备血液检查、呼吸、麻醉等设备的中等以上的医院为好。还有像慢性疾患或者骨折手术等最好去一级医院委托诊治的二级医院为好。记得我曾经在购物中心宠物医院里代诊时，收治过一例高龄的病情危重的动物。为了有效诊疗需要的各种检查和处治方法就像走马灯一样清晰地浮现在脑海，但那里却没有设备和必要的注射剂。最后我只能推荐宠物主人到更大的医院，但因为距离太远，那位宠物主人没有接受我的建议。

这倒不是说大医院的医师就比小医院的医师水平高，只是大医院的各种检测设备完善，还有多名专业的兽医师可以相互补充，这样就能应对各种危急的状况。但是相应的大医院的诊疗费用会比较贵，而且离家可能也会有点距离。

Part 5 猫的历史，猫的文化

猫的祖先是黄鼠狼

从黄鼠狼到豹猫，从豹猫到猫

在没有被人类驯化前，猫咪是何种样子呢？猫的祖先是谁？猫是什么时候开始走进人类生活的呢？

动物学家认为 4000 万 ~5000 万年前生活在地球上的长得像黄鼠狼的细齿兽 (Miacis) 为猫咪最古老的祖先。从化石上可以推测细齿兽具有细长的身躯、长尾巴、能随意爬上爬下的短腿和锋利的牙齿。细齿兽从属细齿兽科，从那之后就产生了现在的数种陆上动物，即狗、北部浣熊、熊、黄鼠狼、鬣狗、猫等。之

≫ 细齿兽的推断形象

后可以推测到的猫祖先是生活在非洲北部的非洲豹猫。非洲豹猫是豹猫的亚种，身长48~62cm，尾巴长 25~38cm，体重在 3.6kg 左右。身体呈灰黄色，背部颜色深，有模糊的斑纹。四肢修长，腿和尾巴处有环状斑纹。是独来独往的动物，主要以鸟、地松鼠、老鼠为食。非洲豹猫广泛分布于非洲、阿拉伯半岛、巴勒斯坦和印度等地。

那么人类怎么会想到驯化野生的豹猫呢？人类开始种植农作物后，为了防止老鼠偷吃谷物，人们开始驯化豹猫，带着豹猫一起生活。在考古中也曾发现古代埃及有饲养猫咪迹象的木乃伊。

≫ 非洲豹猫

+02 家猫的祖先是阿比西尼亚猫

因捕鼠的能力而成为崇拜的对象

猫咪进入人类的生活可追溯到约5000年前的法老王朝时代。猫咪与人的关系中老鼠是不能忽略的角色，古代埃及人开始驯养野猫，也是在农耕文化发达的埃及，原因是谷物仓库经常被老鼠骚扰。经过每年尼罗河的泛滥，河水退去之后，尼罗河两岸就会积聚丰富的肥沃泥土。古代的埃及人就在被沙漠环抱的有限的肥沃土地上开始了小麦的耕种。小麦是他们当时赖以生存的食物。自然保护他们谷物仓库不被老鼠破坏的猫就成了贵重的象征，甚至成为古代埃及人崇拜的对象。观察古埃及的文物经常可以见到猫和王公贵族们在一起的身影。那些猫的特征与现在的阿比西尼亚猫非常相似。有个说法解释类似做了烟熏妆的埃及女人眼部的浓妆就是模仿阿比西尼亚猫的样子。虽然有关阿比西尼亚猫的由来有很多争论，但认为埃及猫和阿比西尼亚猫为最先被人类驯化的猫的观点占支配地位。特别是阿比西尼亚猫与古埃及肖像画中的猫咪瘦长的身躯、优雅的颈线、大耳朵、钻石般的眼睛非常相像。

而且非洲豹猫与现在的阿比西尼亚猫也有相似的外形，而且喜欢独来独往，对猫薄荷等植物有反应的特点也和猫咪类似。

≫ 古代埃及文物中所出现的猫类似于阿比西尼亚猫

古代猫咪曾经是被崇拜的对象

杀害猫咪会被判处死刑的年代

去埃及文物展馆或者日本的神殿，可以看到很多猫的铜像。这种现象在韩国国内是基本见不到的。据说5000年前的埃及，猫咪刚进入人类生活的年代，猫咪被认为是神圣之物。古代埃及甚至制定了保护猫咪的法律，杀害猫咪的人甚至有可能处以极刑。古埃及人还给猫建造了神殿，根据猫咪的行为预测未来。如果一起生活的猫死亡，猫的主人会刮掉眉毛以示哀悼，将猫和老鼠都做成木乃伊，让猫咪在另一个世界也能继续享用老鼠肉。所以在19世纪末发掘出的神殿遗址中发现了30多万只猫的木乃伊。

世界上其他地方虽然不及埃及那样将猫视为崇拜之物，但很多地方都有记载认为猫是神秘的有灵性的动物。传说伊斯兰教创始者穆罕默德曾经着迷于猫在高空落下时做大回转着地的姿势，中国有民间传说说以前有一只猫王只要一出现，方圆几里的老鼠都会被它的气力吸引过来，然后自杀。韩国也有少见的类似传说，古代有鼠模鼠样的弥罗寺僧曾经独霸一方欺压百姓，老百姓为推翻他们的压迫，在弥罗寺对面安葬了一只猫咪，结果不久弥罗寺就衰落了。朝鲜王朝的世主王（朝鲜王朝第七代国王）在光临韩国上院寺时，还曾因为得到猫的帮助而避免了刺客的追杀，为奖励猫咪的功绩，世主王特赐上院寺很多土地，起名为"猫田"，并在上院寺里立了猫的石像。这座猫石像至今保留在韩国江原道平昌郡的上院寺里。

≫ 古代埃及猫木乃伊

≫ 韩国江原道平昌郡的猫石像

≫ 发掘出的古代埃及文物猫铜像

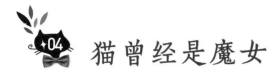

04 猫曾经是魔女

波澜万丈的猫历史

在历史的舞台上，猫咪不是总是被人崇拜的对象。猫的特别让它一度成为集神秘与灵性于一体的动物，也曾在迷信横行的中世纪被认为是不祥之物。

5世纪末的欧洲，猫咪被视为人类的天敌和唾弃的对象。猫咪被认为是当时人们迷信的魔女的替身，被视为邪恶动物。因为黑暗中发亮的眼睛，无论高低都能自如攀爬的出色能力，都让人们联想到迷信中的魔女气质。所以连当时养猫的人也可能被认定为魔女的替身而被处以火刑。

之后等到欧洲大陆上黑死病横行，才让猫咪脱掉了骂名。当时的欧洲人不知道黑死病的原因，但发现养猫的人家就是不得黑死病，猫咪这时才被人们重新接纳。之后到了18世纪，欧洲开始出现猫咪同趣会等猫爱护团体，也开始举办猫相关的展会，在1871年的英国和1895年的美国甚至还举行过猫咪选美赛。猫咪陪伴人类的几千年历史可谓波澜万丈。

韩国从很久以前就认为猫咪是通灵之物，赋予了猫咪很多不好的象征。所以跟其他国家相比，历史上有关猫的记载比较少见，特别是作为宠物被社会接受的过程也是非常漫长的过程。最近才开始被人们当成既不是捕鼠工具也不是魔女替身的纯粹的宠物。猫咪有干净、可爱、独立、自尊、孤独、浪漫等很多现代都市人具备的特点。随着着迷于猫咪的人群增加，周边的猫咪控也越来越多了。猫咪也从名不见经传的普通小动物变为被更多人喜爱的美丽小宝贝了。

05 喜爱猫咪的历史人物

❤ 特别的人物对猫咪特别的爱

猫咪因为其优雅的姿态、安静的习性和高傲的性格得到了很多人的喜爱。

法国历史上优秀的政治家黎塞留公爵是天主教红衣主教，也曾是路易十三世的内务大臣，应该是当时欧洲权力最大的人。当时的欧洲政治腐败，经济穷困，百姓都为抓住魔女而疯狂。黎塞留公爵虽然也有压迫魔女，却没有迷信有关猫的传言。所有的人都认为猫是魔女的朋友时，他却养着 14 只猫咪并且专门安排两个仆人给猫咪喂食，还指定要每天喂猫咪两次顶级法国料理——鹅肝。他还留下遗嘱，要求给 14 只猫咪和 2 位仆人提供住所和工资。他从当时的魔女迫害运动中，保护住的 14 只猫咪的名字，到现在也有相关记录。可见他对猫咪的爱有多深。

≫ 黎塞留公爵 (Duc de Richelieu, 1585～1642)

喜爱猫咪的另外一位政治家是温斯顿·丘吉尔。他一生中养了很多猫咪，其中有一只名叫 "Nelson" 的猫虽然名字取自英国著名的海军上将的姓氏，却是十足的胆小猫。听说只要伦敦有空袭它就躲到床底下去。丘吉尔还有一只名叫 "Joke" 的猫咪，他把 Joke 称作他的特别助手，还参加过战时非常内阁会议。听说 Joke 没坐定到餐桌前，谁也不能动餐具，可见当时 Joke 的待遇要比一般官员还要高很多。丘吉尔的遗言中还要求在故乡的住宅里一直养着黄褐色斑纹的猫咪。跟丘吉尔一起生活过的猫除了 Nelson 和 Joke 外，还有 Patrick、Margate、Tango 等猫咪。

≫ 温斯顿·丘吉尔 (Winston Leonard Spencer chil, 1874～1965)

美国的小说家欧内斯特·海明威也是非常喜爱猫的名人，叫他猫咪教教主一点儿都不言过。他养的猫咪有30多只，其中一只猫咪有6根脚趾，所以被他称为"六趾头公主"。他生前与30只猫咪共同生活着的美国佛罗里达南部的住所现已改为海明威纪念馆，

※（左）欧内斯特·海明威 (Emest Miller Hemingway,1899~1961)（右）在海明威故居生活着的六趾头猫咪的后代

听说现在有将近60只的猫咪在那里生活，而且其中有很多只猫咪都有6根趾头的多趾症。都是那只"六趾头公主"的后代。

除了这些名人还有诺斯特拉达穆斯（法国星相学家）、艾萨克·牛顿、"非洲圣人"阿尔贝特·施韦泽等也曾非常喜爱猫。

从历史上看，猫咪尤其得到有灵感的作者和艺术家的喜爱。喜爱猫的作者们经常会让猫咪穿梭在他们作品里，像著有《黑猫》的作者埃德加·艾伦·坡也是猫的赞美者。可惜在他的小说中猫咪却被描写成不祥的恐怖的象征。但实际生活中的艾伦·坡养的猫咪 Catarina 却是多情可爱的猫咪，它总是用自己的体温温暖着因肺结核即将离世的他的夫人。

※ 埃德加·艾伦·坡 (Edgar Allan Poe, 1809~1849)

音乐剧中的巨著《猫》则是洛依德·韦伯根据酷爱猫咪的英国诗人 T.S.Eliot 的作品《老负鼠的猫经》改编成音乐剧的。除了他们，还有英国小说家查尔斯·狄更斯、法国小说家大仲马、维克多·雨果、塞缪尔·约翰逊、艾萨克·牛顿、玛丽莲·梦露、南丁格尔等历史名人都曾喜爱过猫，也曾跟猫一起生活过。

万有引力的发现者牛顿发明了"猫咪出入门"的事情可能很多人都不知道。我们今天经常能见到的"猫咪出入门"就是牛顿为解决每次猫咪出入要给猫咪开门的麻烦才发明出来的。

※ 艾萨克·牛顿 (Isaac Newton, 1642~1727)

现在也有很多知名人士的猫咪因为他们主人的身份而变得非常出名。通过这些知名人士的名人效应，猫咪的形象也越来越被社会所接受，也带动了更多的人开始喜欢上猫咪。

名画中的猫咪

被猫咪吸引的猫艺术家

看过猫咪神秘而又美丽的姿态，是个画家都想尝试一下与猫咪相关的画作。可能是因为这种原因，与猫相关的艺术作品无论在历史的哪个时期都不少。在欧洲，猫咪因其贵族般的形象，不难在列奥纳多·达·芬奇、巴勃罗·鲁伊斯·毕加索、皮耶·奥古斯特·雷诺瓦 (Pierre Auguste Renoir)、马克·夏卡尔 (Marc Chagall)、林布兰 (Rembrandt van Rijin) 等著名画家的画作中找到。其中最喜爱猫咪的画家应该是雷诺瓦和被称为"养猫画家"的路易斯·韦恩 (Louis Wain)。雷诺瓦的作品中经常能见到与猫咪在一起的少女，他把猫特有的梦幻般的高傲的表情表现得栩栩如生，通过作品可以感受到他对猫咪的喜爱不同一般。路易斯·韦恩喜欢将猫人性化，让猫做出人一般的表情，给猫穿上人的衣服等在当时的英国很受欢迎。据说他养了一只迷路的猫叫 Peter，他训练 Peter 两只前爪相合做祈祷，还训练了 Peter 戴着眼镜看书等。这些经验给了路易斯·韦恩创作灵感，以致他的作品中有很多人性化的猫出现。路易斯·韦恩还当过英国猫咪协会的负责人，可见他对猫咪的热爱。但可惜的是，路易斯·韦恩在他 50 岁后半期开始被精神分裂症所困扰，之后的作品中就出现了很多鬼怪的猫咪身影。但到如今他的猫作品还得到非常多的人的喜爱。

❶ 路易斯·韦恩（Louis vain）的猫画像

❷ 路易斯·韦恩精神分裂症初期的猫画像

❸ 路易斯·韦恩精神分裂症末期的猫画像

07 动画中的猫咪

得到全世界喜爱的猫咪

在童话中出现的猫咪最有名的应该就是《爱丽丝梦游仙境》中出现的柴郡猫吧。这部童话书是英国的数学家路易斯·卡罗尔（Lewis Carroll）为隔壁家的小女孩讲故事所写的童话，童话中的柴郡猫作为知道神秘国度答案的唯一角色出现。柴郡猫的形象来源于英国短毛猫。

日本的卡通作家佐野洋子的《活了100万次的猫》讲述一只猫轮回100万次的生死，对自己的生命充满自信和自傲，遇到爱情了解人生的真谛后死亡的内容。这是一部含有佛教解脱的思想和猫咪插图的作品。

猫咪的卡通形象塑造得最成功的当然应该是"Kitty"了。作为《爱丽丝梦游仙境》的续集，路易斯·卡罗尔又写了《爱丽丝镜中奇遇》，其中登场的主人公就是Kitty。从日本的Sanrio开始在零钱包上印上Kitty以来，Kitty在全世界受到非常热烈的欢迎，从而成为现在应该是全世界最受欢迎的卡通形象之一。招财猫也是在全世界广受欢迎的一个卡通形象。在日本，无论你去何处，都会见到这个猫卡通形象，去日本旅行回来的人基本上都会带回一两只这种卡通猫玩具。

招财猫的由来有多种版本。有一个版本是在日本江户时代一个贵族在经过寺院时，突然感觉寺院里的住持养的猫似乎是在叫自己，于是就下了马进了寺院，结果他原来经过的地方被雷劈中了。那个贵族相信他的命是住持的猫救的，所以就给寺院捐了很多土地和钱，那只猫死后，还制作了一尊猫铜像，据说这尊猫铜像就是招财猫的雏形。还有一说是日本人从古代就认为如果猫咪洗脸就会有客人上门。所以日本商家为了让更多的客人光临就做了这样招手的猫咪形象。据说猫咪招右手是招徕钱财，招左手是招徕客人，最近还出现了两只手都会摇晃的招财猫。

喜爱猫咪的名人名言

赖内·马利亚·里尔克

"人生加上猫咪的话，将是无穷大。"

马克·吐温

"如果狗会说话，狗会是什么都说的话痨，如果猫会说话，猫会是温文尔雅的矜持少女。"

戈蒂耶

"如果你给猫咪足够的爱，猫会成为你的朋友。但猫绝对不会成为你的仆人。"

海伦·汤普森

"猫咪不希望世界上所有的人爱它，它只希望自己的主人爱它就可以了。"

列奥纳多·达·芬奇

"猫是神的最高杰作。"

欧内斯特·海明威

"养了一只猫咪，你又会养一只猫咪。""猫对感情是绝对诚实的。人有时会隐藏自己的感情，但猫绝对不会。"

阿尔贝特·施韦泽

"有两样东西可以缓解人生中的焦虑，那是音乐和猫咪。"

尚·考克多

"我爱猫。猫是我能用眼睛观察到的我房子里的灵魂。"

寇勒

"猫咪想告诉我们，世上并非什么事情都有目的。"

科莱特

"和猫咪一起度过的时间并非是浪费时间。"
"这个世界上没有一只平凡的猫。"

费斯

"讨厌猫的人下辈子会变成老鼠的。"

麦克斯 (Georges Mikes)

"狗或许会奉承你，但你却要奉承猫。"

美国俗语

"如果你懂得怎么与流浪猫成为朋友，那你会是好运不断的人。"

瓦德斯 (Jeff Valdez)

"猫比狗聪明。如果让8只猫拉雪橇，猫不会同意的。"

伯克莱 (Ellen Perry Berkeley)

"和猫咪一起生活的人才知道，其实谁也不能拥有它们。"

爱尔兰俗语

"要小心讨厌猫的人。"

海伦·温斯洛

"女人、诗人特别是画画的人喜欢猫。只有拥有细腻的情感的人才能理解猫那灵敏的神经系统。"

喜爱过猫的人们……

康姬的故事

　　康姬是我表妹养的猫咪。听我表妹说她在路上发现康姬被遗弃在箱子里，就捡来了。我跟她说有时间带她的猫咪过来，我给猫咪检查一下，也给它接种疫苗之类的。但她没有过来，俗话说没有消息就是好消息，我就没有太在意。

　　但是有一天她慌慌张张地给我打电话，说康姬被街头的小孩儿们打得住了医院，医生说要马上做手术，否则撑不过当晚。我知道对于刚过 20 岁的表妹来说，康姬的手术费是很重的经济负担。我让她赶紧把康姬送到我这里来。通过放射线检查发现，康姬的脱肠部位扩大到胃下方。

　　感觉这将是不小的手术，我给康姬做了呼吸麻醉，然后开始了手术。打开康姬的腹腔让我大吃一惊，虽然我也做过很多脱肠手术，但从来没有见过康姬这样严重的状况。腹腔内一侧的内脏全部流了出来，助手虽然努力托着，但内脏还是继续流出来。记得那次手术做了 4 小时，跟一般的脱肠手术只需 30 分钟到 1 小时相比，真是非常艰难的一次手术了。等到康姬顺利地从麻醉中苏醒过来，我颤抖着的心才算安稳下来。我开玩笑地对表妹说手术费应该收取 4 倍的钱。我相信康姬以后会越来越健康，除了来接种疫苗，康姬不会再进医院了吧。

　　但是从去年的夏天到冬天，在我边当职、边写这本书的岁月里，我却一直照料着康姬。因为康姬的术后效果并没有预想中的好。手术部位始终没有愈合，一直出现炎症和积水现象。试了很多办法，但没有很好的效果。试了各种抗生素，甚至为了治好康姬，我还买来了 20 万韩元（1200 元人民币左右）的抗生素和蜂针，但还是出现坏死现象。性格温驯的康姬每次只要有人摸一下它，它就闭着眼睛发出咕噜声。这么可爱的康姬让我下定决心不放弃治疗。我联系师兄、师姐们听取他们的建议，他们都跟我说坏死的部分掉落后会长出新肉的，让我耐心等待。

　　怕康姬长时间关在医院里有心理压力，每天晚上我都把康姬放出来，还给康姬买了很多玩具和零食。

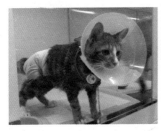

经过了很长时间，康姬坏死的组织终于脱落了，但还没有长出新肉，康姬的腹膜直接外露出来。即使给它再次动手术，也没有拉过来补救的皮肤。甚至因为讨论到康姬安乐死的问题，我还在大白天喝了很多很多的酒解愁。

想来想去，我试着给我的母校医院打了电话，看看能不能寻求帮助。幸运的是母校那边说让我带康姬过去，可以让他们试一下。我记得那天我是下了夜班一觉没睡，就带着康姬向全州母校出发了。在母校托付了康姬后，我赶回了医院继续接诊。我回来接诊的第一只患猫就是患了腹膜炎的猫咪，那只猫咪跟康姬长得很像。腹膜炎应该是果断让主人放弃治疗的疾病，但想到我对康姬的心情，我没有劝猫主人放弃治疗，我推荐他到大型动物医院去看看。后来大型动物医院里工作的前辈给我打电话来质问我："你明明诊断出那只猫有腹膜炎，为什么还让他来我们医院治疗啊？你应该果断地让他放弃才对嘛。"那时我才缓过神来，发现我只沉浸在猫主人的心境里却忘了医生的本分。第二天，那位猫主人带着猫咪过来办理了猫咪安乐死手续。对那只猫咪来说，活着忍受疾病的折磨可能真的生不如死吧，最终我抚摸着那只猫咪，诚心地祈祷着给那只猫咪进行了安乐死。

送到大学医院里的康姬再次手术后，手术创口还是没有愈合，还有积水现象。做了抗生素耐性检查发现体内已对所有的抗生素产生了耐性。现在只剩最后的办法，就是干脆不做缝合手术，在手术创口开放状态下保持灭菌状态，引导新肉自己长出来。

现在的康姬奇迹般地康复过来马上就要出院了。更巧的是，之后也有一例与康姬病情相似的猫咪，也通过康姬一样的疗法其预后的效果也很不错。就像让我学到很多东西的我们家Minky一样，康姬也是上天为了让我精进医术而派过来的天使吧。

让猫咪长寿的 10 种方法

1. 室内饲育环境

室内饲育要比室外饲育好。经研究发现，室内饲育的猫咪要比室外饲育的猫咪平均寿命高出 10 年以上。

2. 接种综合疫苗

一定要接种综合疫苗。单独生活着的猫咪接种综合疫苗和每年追加接种足矣。因为即使是不外出的猫咪也有可能会在医院、商店、旅馆等地方与其他动物的接触中传染疾病。

3. 预防寄生虫

要每月做一次心脏丝状虫和内外部寄生虫的驱虫工作。

4. 绝育手术

绝育手术可以预防母猫子宫缩脓症、子宫内膜炎、乳腺肿瘤等与性荷尔蒙失衡有关的疾病，可以让公猫有效减少离家出走和喷尿行为。绝育手术后要严格管理好猫咪的肥胖和结石问题。

5. 预防肥胖

肥胖与寿命有直接关系。要通过饮食管理、运动和体重监测等方式防止肥胖。

6. 预防结石

要准备好预防结石。绝育手术后的猫咪要喂食专用饲料，要努力让猫咪多喝水。如果猫咪还是不喜欢喝水，就要给猫咪换喂湿式饲料为好。

7. 选择饲料

对饲料依赖度高的猫，饲料的好坏会直接影响猫的健康。有机农饲料和生食相结合的饲料形态是最理想的，但也可以通过仔细甄别发现低价物美的饲料。

8. 猫咪的压力管理

猫咪是很容易产生压力的动物。从小开始一起长大的两三只猫咪，可能会成为最亲密的朋友或兄弟，但突然加入的新猫咪可能会让猫咪产生非常大的压力。因此一起养多只猫咪是需要慎重决定的事情，猫咪厕所和猫咪睡觉的地方也要经常打扫干净。

9. 牙齿管理

猫咪的牙齿健康关系到猫咪整个的健康状态。所以猫咪长完恒齿后要开始给猫咪刷牙，每年要给猫咪做一次洗牙管理。

10. 定期检查

7岁以后的猫咪感染疾病的概率会提升，所以即使没有病症也要给猫咪做一年一次左右的定期检查，10岁以后的猫咪每年需要做两次左右的定期检查。

　　我是个变得更有想法、入行第四年的职业宠物医生。当宠物医生的第一年是累得真想放弃，第二年是可以拿到正常的工资，也为不断出现的新机会感觉到飘飘然，第三年开始自己有了份责任感，第四年就是现在的我开始慢慢体会到，该学的东西还很多。写这本书就是我满足求知欲望的一种方式吧。因为我想比别人更了解猫。通过写书我找了很多资料，也看了很多书。而且我也真的很想写一本书与跟我一样热爱猫咪的"痴迷者"们共享我的想法。因为除了是宠物医生外，我分明也是经常会为猫咪失去自控能力的猫咪控啊。

　　我曾经就职过的动物医院的院长们一般都在这个领域工作了 15 到 20 年。跟他们比，我这个"小毛孩子"写书确实是班门弄斧，让我很脸红的事情。我只是希望能结合我自己养育 7 年猫咪的切身经历和临床知识来写一本书，哪怕能让养猫的人通过这本书得到一点点帮助，我也心满意足了。而且我本身也喜欢写作。小的时候虽然跑步总是最后一名，也不喜欢弹钢琴，更没有唱歌的天赋，但只要是写作比赛，我总能拿回点奖杯来。因为边工作边写了这本书，所以经常会忙得不可开交，想想写书的时候为了几句更好的表达方式，喝着无数咖啡熬夜"装作家"的日子，还真的是挺有趣、挺幸福的事情。

　　我当宠物医生本不是因为我喜欢动物。当宠物医生更不是我小时候的梦想。歪打正着当了宠物医生后，感觉还不错。但现在我已经把宠物医生这个职业当成是我的天职。我经常会认为找我治病的遗弃动物或者患病动物是上天安排它们来的。我在兽医大的很多同学毕业后要么当上了公务员，要么去了检疫局，或者又考取了医科大学或者牙科大学。因为跟其他的职业相比，宠物医生这个职业的待遇真的没有什么吸引力。下定决心成为宠物医生后，我经常会梦见自己成了非常出色的宠物医生。跟动物一起生活的人生是赚了。如果我没有成为宠物医生，可能一生都会怕猫咪，也不会享受和动物一起生活的快乐了。

宠物医生里有因为职业才当宠物医生的人，也有把宠物医生当成自己全部的人。我属于后者。别人在博客、微博上上传菜品、化妆品或者新买的新鲜玩意儿的时候，我会在我的博客和微博上上传我手术过的小动物和治疗后的小动物。这可能是因为我没有其他兴趣的原因，但我真的很喜欢我当宠物医生时的点点滴滴。当然宠物医生的工作并不是只有高兴的事情。因为不明原因死亡的动物让我有很多挫折感，因为猫主们的误会留下的恶评，我也曾伤心过。全力以赴想要救活患病的动物的时候更让我伤心不已。但每次我都坚持了下来，因为我知道这些也是作为宠物医生必须要面对的。

6个月的看似不短的写书历程即将结束，此刻我想对其间帮助过我的人们表示衷心的感谢。感谢我的实验室指导老师金振尚教授和姜邢燮教授，还有在我毕业后当上教授的金尚真前辈。感谢我的指导老师也是我最尊敬的老师韩国全北大学金南洙外科教授。感谢让我从毛手毛脚的实习宠物医生成长为真正的宠物医生的光进动物综合医院的金钟烈院长和姜茗石院长。感谢无偿教我手术和临床经验的开明综合动物医院的陆振叶院长。感谢从来没有放弃我这个不想着赚钱，整天打着学习的旗号不切实际的大女儿的我的父母。还要感谢给我这次写书的机会，也和我一起齐心协力完成这本书的 Nexus 编辑部的玫瑰小姐。

责任编辑　陈 冰 chenbing1983_1@qq.com
装帧设计　北京红方众文科技咨询有限公司
责任印制　冯冬青

图书在版编目（CIP）数据

　　我是幸福猫奴 /（韩）卢真希著；金美月译 . -- 北京：中国旅游出版社，
2013.5

　　ISBN 978-7-5032-4725-5

　　Ⅰ . ①我… Ⅱ . ①卢… ②金… Ⅲ . ①猫－驯养 Ⅳ . ① S829.3

中国版本图书馆 CIP 数据核字 (2013) 第 093258 号

北京市版权局著作合同登记号：01-2012-6929

我是幸福猫奴

[韩] 卢真希、Minky　著　金美月　译

出版发行	中国旅游出版社
	（北京建国门内大街甲 9 号　邮编：100005）
	http://wwww.cttp.net.cn E-mail:cttp@cnta.gov.cn
	营销中心电话 010-85166503
经　　销	全国各地新华书店
印　　刷	北京翔利印刷有限公司
版　　次	2013 年 5 月第 1 版　2013 年 5 月第 1 次印刷
开　　本	720 毫米 ×974 毫米　1/16
印　　张	13
字　　数	250 千字
印　　数	5000 册
定　　价	46.00 元
Ｉ Ｓ Ｂ Ｎ	978-7-5032-4725-5